폭풍 감량
식재료편

살 빼는 게 쉬워서

양조절 다이어트

한아름 지음

길벗

살 빼는 게 쉬워서
양조절 다이어트

초판 발행 · 2023년 6월 7일

지은이 · 한아름

발행인 · 이종원
발행처 · (주)도서출판 길벗
출판사 등록일 · 1990년 12월 24일
주소 · 서울시 마포구 월드컵로 10길 56(서교동)
대표 전화 · 02)332-0931 | **팩스** · 02)323-0586
홈페이지 · www.gilbut.co.kr | **이메일** · gilbut@gilbut.co.kr

편집팀장 · 민보람 | **기획 및 책임편집** · 서랑례(rangrye@gilbut.co.kr) | **디자인** · 최주연
제작 · 이준호, 김우식 | **영업마케팅** · 한준희 | **웹마케팅** · 류효정, 김선영
영업관리 · 김명자 | **독자지원** · 윤정아, 최희창

교정 · 추지영 | **본문 조판** · 김효진
사진 · 장봉영 | **사진 어시스턴트** · 김형준 | **푸드스타일리스트** · 정재은 | **푸드스타일링 어시스턴트** · 김미소, 변연서, 신인철, 안수빈, 장미진
CTP 출력 · 인쇄 · 교보피앤비 | **제본** · 경문제책

ISBN 979-11-407-0465-1 (13590)

(길벗 도서번호 020227)

정가 19,800원

독자의 1초까지 아껴주는 길벗출판사

(주)도서출판 길벗 | IT교육서, IT단행본, 경제경영서, 어학&실용서, 인문교양서, 자녀교육서 www.gilbut.co.kr
길벗스쿨 | 국어학습, 수학학습, 어린이교양, 주니어 어학학습 www.gilbutschool.co.kr

독자의 1초를 아껴주는 정성!
세상이 아무리 바쁘게 돌아가더라도
책까지 아무렇게나 빨리 만들 수는 없습니다.

인스턴트 식품 같은 책보다는
오래 익힌 술이나 장맛이 밴 책을 만들고 싶습니다.

땀 흘리며 일하는 당신을 위해
한 권 한 권 마음을 다해 만들겠습니다.

마지막 페이지에서 만날 새로운 당신을 위해
더 나은 길을 준비하겠습니다.

독자의 1초를 아껴주는 정성을 만나보십시오.

ℒ

평생 지속하는, 몸과 마음이 건강한 식습관은
양조절이 유일하지 않을까 생각해봅니다.

여러분의 많은 사랑과 관심으로 양조절 다이어트 레시피 두 번째 책이 세상에 나오게 되었습니다. 양조절 다이어트 식단을 처음 시작했을 때는 의문이 가득한 댓글과 메시지들을 자주 받았어요. 다이어트 레시피라면서 마요네즈를 넣어요? 김치는 염분이 많아서 안 된다고 들었는데 진짜 먹어도 살이 빠질까요? 매일 밥을 먹어도 다이어트가 되나요? 사실 그 당시에는 그런 댓글들이 반갑지 않았어요. 왠지 내가 틀렸다고 말하는 것 같았거든요.

하지만 지금 생각해보면 익히 알려진 다이어트 방법이나 다이어트 식단 레시피와 전혀 달라서 정말 궁금했던 것 같아요.

적당히 먹고 운동하면 살 빠지는 거 누가 모르나요? 하지만 그게 제일 어려운 일이죠.

누구나 알고 있지만 실천하기 어려운 것이 양조절, 그 구체적인 방법을 알려드릴게요. 양조절 습관을 들이면 평생 다이어트 결심을 하지 않고도 몸과 마음이 건강해집니다.

두 번째 책에서는 재료별 레시피로 정리했어요. 다이어트에 좋은 한 가지 주재료로 매일 다른

맛을 느낄 수 있으니 질리지 않고 맛있게 먹을 수 있어요. 물론 버리는 재료도 없고요. 또한 '바쁘다, 바빠'라는 말을 입에 달고 사는 분들도 매일 매끼 챙겨 먹을 수 있는 간편한 밀프렙 메뉴를 추가했습니다.

오랜 시간 꾸준히 레시피와 제 생각을 공유하면서 함께 효과를 보고 공감해주시는 분들 덕분에 기쁜 나날을 보내고 있습니다.

'양조절 레시피'를 좋아해주시는 모든 분들께 감사합니다.

목차

PART 2.
다이어트의 적, 변비에 좋은
버섯

PART 1.
포만감 최고의 식재료
양배추

PART 3.
식이섬유가 풍부한
녹황색 채소

PART 9.

다양한 맛을 즐길 수 있는
소고기&돼지고기&오리고기

PART 10.

탄수화물 함량은 낮추고 단백질 함량은 높인
대체면

1. 양조절 다이어트란?

먹고 싶은 음식을 먹으면서 나에게 적당한 양을 찾고 줄여나가는 다이어트 방법입니다. 과식,야식, 절식, 폭식 등 오랜 기간 잘못된 식습관으로 내가 얼마나 먹어야 배부른지, 내 몸에 필요한 식사량은 어느 정도인지 모르는 사람들이 대부분입니다. 무작정 유행하는 다이어트 식단을 따라 하기보다 내 식사량을 알고 거기에서 서서히 줄여나가는 것이 양조절 다이어트의 핵심입니다. 무게와 칼로리를 계산해야 한다는 강박에서 자유롭고, '저건 절대 먹으면 안 돼'라며 특정 음식을 일부러 피하지 않아도 됩니다.

2. 양조절 다이어트를 해야 하는 이유

매일 식욕을 참고 운동만 하면 살을 빼기도 전에 지쳐 포기하고 말죠. 하지만 양조절 다이어트는 먹고 싶은 음식을 먹으면서 살을 뺄 수 있습니다. 수많은 다이어트 방법 중에서 양조절 다이어트를 꼭 선택해야 하는 이유를 알아볼게요.

❶ 매일 먹고 싶은 음식을 먹는다

평일에는 다이어트 식단을 지키다가 주말에는 치팅데이라며 몰아서 먹은 경험이 있나요? 양조절 다이어트는 흔히 '입이 터진다'고 하는 증상이 없어요. 다른 사람들과 식사하는 자리에서도 다이어트 중이라는 것을 군이 설명하지 않아도 됩니다.

❷ 스트레스가 적어서 오래 지속할 수 있다

맛있는 음식을 적당히 먹는 것이 처음에는 어려울 수 있습니다. 성공하는 날보다 어렵고 힘든 날이 더 많을 거예요. 하지만 꾸준히 하다 보면 이보다 좋은 방법이 없습니다. 오랜 기간 몸에 밴 식습관을 일주일 또는 한 달 만에 바꾸려 하지 말고 천천히 조금씩 줄여보세요. 하루아침에 샐러드, 고구마, 닭가슴살만 먹는 식단보다 훨씬 스트레스가 덜합니다.

❸ 가족과 함께 식사할 수 있으니 따로 장 볼 필요 없다

1권을 내고 많이 받은 후기는 "저는 주부인데 가족이랑 같이 먹을 수 있어서 정말 좋아요", "엄마랑 아빠도 해드렸는데 너무 맛있고 몸에도 좋다고 하셨어요" 등입니다. 가족들과 함께 맛있는 식사하세요. 엄마가 만들어주신 음식을 보며 '살찔 텐데'라는 생각도 들지 않아요.

❹ 식비가 절약된다

다이어트 대체 식품이라도 성분 좋고 칼로리도 줄이면서 맛도 똑같다면 당연히 선택하겠죠. 하지만 시중에 나온 대체 음식은 특유의 맛이 나지 않고 색깔과 모양만 따라 한 제품들이 대부분이었어요. 가격도 적게는 1.5배 많게는 2~3배 더 높기도 하고요. 다이어트용 식품보다는 진짜 음식을 먹어야 만족도가 높아서 불필요한 식탐도 없어집니다.

❺ 다이어트 부작용이 없다

영양 불균형에서 오는 변비, 빈혈, 탈모, 생리불순, 손톱 갈라짐 등의 증상이 전혀 없고, 정신적으로도 건강한 다이어트 방법이에요. 초절식, 칼식단으로 인한 폭식증, 거식증, 강박증도 생기지 않아요. 몸도 마음도 잘 돌보는 것이 중요합니다.

· 나에게 맞는 양조절 다이어트 ·

양조절 다이어트는 누구나 성공할 수 있는 다이어트 방법이에요. 자기 식습관에 맞는 방법을 찾아 바로 실천해보세요.

정제 탄수화물 중독

탄수화물도 우리 몸에 꼭 필요한 영양소입니다. 자연에서 얻는 건강한 탄수화물이 아닌 정제되고 가공된 탄수화물이 중독을 일으키고 비만의 원인이 되죠. 대표적인 정제 탄수화물로는 밀가루가 있어요. 일주일간 내가 먹은 것을 상세히 기록해보고, 밀가루가 얼마나 내 생활 깊숙이 들어와 중독을 일으키고 있는지 알아야 합니다. 라면, 국수와 같은 면인지, 과자, 빵, 쿠키 등인지 말이에요. 도저히 끊기 힘들다면 통밀빵이나 호밀빵처럼 대체할 수 있는 것들로 바꾸고 곤약면이나 두부면에 적응해보세요. 밀가루 중독은 컨디션이나 기분에 따라 영향을 많이 받으므로 스트레스 관리도 잘해야 합니다.

알코올 홀릭

알코올과 흡연은 몸에 이로울 것이 하나도 없어요. 하지만 일 끝나고 마시는 맥주 한잔, 휴일 전날에 마시는 소주 한잔은 일주일의 피로를 풀어주기도 합니다. 술 자체보다 고칼로리의 맵고 짠 안주들이 문제예요. 술을 완전히 끊을 수 없다면 안주만이라도 가볍게 바꿔보세요. 배달 음식보다 단백질과 채소 위주로 조리 과정과 양념이 간단해 부담이 적은 메뉴가 좋아요. 달걀말이와 샐러드, 샤부샤부, 치즈, 아보카도와 오이에 구운 명란은 가볍게 한잔하기에 좋습니다. 다만 술자리 약속이 있는 날은 즐겁게 마시되 다음 날 스스로 만든 루틴들을 철저히 지켜야 합니다. 당 함량이 높은 맥주나 샴페인, 소주보다는 와인이나 위스키를 추천합니다.

야식 중독

저녁을 든든히 먹어도 야식이 습관이 된 사람들은 입이 심심하다는 이유로 매일 밤 늦게 음식을 먹어요. 텔레비전이나 유튜브에서 먹방을 보면 야식 욕구가 더욱 폭발하죠. 수면에도 골든타임이 있는데 하루의 피로를 회복해주고 자는 동안 분비되는 좋은 호르몬을 위해서는 밤 10시 이후에는 잠자리에 들고 장기도 쉴 수 있도록 공복 상태가 좋습니다. 배가 너무 고프면 아몬드 몇 개, 두유 반 잔, 오이나 파프리카를 먹어보세요. 양조절 다이어트는 치팅데이를 따로 두지 않고 매일 먹고 싶은 것을 먹어도 되지만 야식만큼은 끊는 것이 좋습니다.

간식 중독

오후 서너 시만 되면 달달한 믹스커피나 컵라면이 당기죠? 회사에서 제공하는 간식도 안 먹으면 왠지 손해인 것 같아 챙겨 먹게 되고요. 저도 항상 서랍 속에 초콜릿, 젤리, 쿠키 같은 간식을 채워두고 동료랑 나눠 먹곤 했어요. 간식은 습관이에요. 사람의 뇌는 배가 고프지 않아도 늘 그 시간에 익숙한 것들을 떠올리거든요. 일단 그 신호들을 끊어내기 위해서는 횟수와 양을 조절하고 한 단계 더 나아가 간식의 종류도 바꾸는 것이 좋습니다. 처음에는 너무 괴롭고 몸속에 당이 떨어지는 것 같아 힘들겠지만 참아보세요. 당이 적고 상큼한 베리류의 과일이나 건과류 바, 곤약젤리, 단백질 셰이크가 좋아요.

한 끼 폭식

간헐적 단식이 유행하면서 간헐적 폭식이라는 말도 함께 생겨났어요. 단식을 핑계로 한 끼만 몰아서 과식하는 것이죠. 유명인들의 다이어트 방법이라고 해서 많은 분들이 따라 하는데 잘못하면 폭식증이 생기기 쉽고 양조절도 당연히 힘들어집니다. 매끼 양조절도 중요하지만 하루 전체의 양조절도 매우 중요해요. 단식하는 동안 억지로 식욕을 참다 보면 저녁 한 끼에 식욕이 솟구치게 됩니다. 배부른 상태로 잠들면 소화기관에도 무리가 가고요. 간헐적 단식을 하고자 한다면 시간을 서서히 늘리고 식사량도 단계별로 줄이는 것이 좋습니다. 예를 들어 저녁 한 끼를 먹는다면 점심은 샐러드로 먹고, 점심 한 끼를 먹는다면 저녁은 저탄수화물이나 자연식을 합니다.

누구나 성공하는 양조절 다이어트 한 달 루틴을 소개합니다. 이대로 따라 하면 힘들이지 않고 한 달 동안 자기 몸무게의 5%를 감량할 수 있어요.

1 주 차

나에게 다이어트 시작 알리기
밥그릇을 바꾸자

: 1주 차 미션 :

✔ 미션 완료 후 체크해보세요

☐ 매끼 식사를 사진이나 메모장으로 기록하기

☐ 늘 먹던 양에서 세 숟가락 덜어내기

☐ 국물은 건더기 위주로 먹기

☐ 반찬은 접시에 처음부터 덜어서 먹기

☐ 물은 하루에 1~2리터

☐ 하루에 2가지 이상 채소 먹기

1 식사 시간을 정해서 규칙적으로 식사하기

원래 사용하던 밥그릇보다 작은 크기를 장만하세요. 식판을 사용하는 것도 좋습니다. 첫 주에는 줄이는 것보다 내 식사량을 알기만 해도 성공이에요. 2~3일 동안 식사량을 파악하고 나서 세 숟가락 정도 덜어내 보세요. 매일 일정한 시간에 식사하고 매주 한 숟가락씩 줄어나갑니다.

2 물을 자주 마시기

수분 섭취는 신진대사를 원활하게 해주고 노폐물을 배출하는 데 좋아요. 군것질을 자주 하던 사람은 거짓 배고픔을 자주 느끼는데 그 때 물을 마셔주면 도움이 됩니다. 수시로 조금씩 마시는 것이 좋아요.

3 부지런히 기록하기

식사 시간 외에 무심코 먹는 음식이 분명 많을 거예요. 사진이나 메모장으로 기록해보고 꼭 먹어야 하는 게 아닌 간식은 다음 날 줄여보세요. (예를 들어 믹스커피, 오후 2~4시에 먹는 간식)

4 하루 2가지 이상 채소를 준비하기

다이어트를 시작하고 식사량을 줄이면 변비가 올 수 있어요. 식이섬유를 충분히 섭취하면 포만감을 느낄 수 있고 변비 해소에도 좋아요. 간단한 샐러드 믹스나 상추, 깻잎 등 쌈거리도 좋아요.

5 치팅 음식 먹을 때도 채소를 꼭 먹기

첫 주부터 갑자기 외식과 배달을 끊으면 힘들어요. 대신 샐러드를 꼭 같이 먹어요. 치킨이나 족발을 먹을 때도 샐러드 한 접시를 먹고 시작해요. 훨씬 적은 양으로 배부를 거예요. 치팅 음식은 미리 앞접시에 덜어두면 적게 먹는 효과가 있어요.

백해무익, 그럼에도 불구하고 좋아하는 것들과 헤어질 준비

밀가루, 야식, 액상과당 끊기

: 2주 차 미션 :

✓ 미션 완료 후 체크해보세요.

☐ 배달 앱 삭제하기

☐ 1주 차 기록을 토대로 횟수를 세어보고 밀가루, 알코올, 야식, 간식 횟수 반으로 줄이기

☐ 대체 식품 구매하기(예를 들어 맥주 대신 탄산수, 라면 대신 곤약면)

☐ 늘 먹던 식사량에서 1/3 적게 담기

☐ 매일 걷기 운동 30분~1시간

☐ 잠들기 전 스트레칭 10분

1 **야식 배달 앱 삭제하기, 횟수 줄이기**

저녁 식사 이후 잠들기 전에 먹는 모든 음식을 체크해보세요. 배달 음식이 아니더라도 이것저것 군것질거리가 많을 거예요. 너무 배고프면 아몬드 한 줌이나 무가당 두유를 먹어보세요. 밤늦게 먹방을 보거나 배달 앱 리뷰를 보면 식욕을 더 자극할 수 있어요.

2 **일상에 깊숙이 들어온 밀가루, 설탕 끊기**

백색 밀가루와 설탕은 몸에 이로울 게 없지만 중독될 만큼 먹는 행복도 크죠. 갑자기 끊으면 몸에서 폭발적으로 더 원하게 됩니다. 저는 다이어트 시작과 동시에 집에 있는 밀가루와 설탕을 모두 치워버렸어요. 가공된 제품과 외식은 단번에 끊을 수 없으니 서서히 줄여나가야 하지만 내가 요리할 때만큼이라도 사용하지 않는 것이 좋아요.

3 대체품 준비하기

스테비아와 알룰로스, 올리고당은 설탕이 생각나지 않을 정도로 아주 만족하고 있어요. 아무리 칼로리가 적거나 없다고 해도 너무 의존하는 것은 좋지 않으니 자연에서 오는 단맛을 즐겨보세요. 가장 좋은 방법은 제철 과일 먹기입니다. 밀가루는 통밀이나 오트밀, 감자 전분, 고구마 전분, 쌀가루로 대체합니다.

4 액상과당 섭취 줄이기

탄산음료는 물론 무심코 마시는 시판 과일 주스, 요거트 제품에도 액상과당이 들어 있어요. 탄산수나 제로(0) 칼로리 음료를 마시되 횟수와 양을 줄여나가세요.

5 틈새 운동, 스트레칭, 걷기 운동 시작하기

계단으로 다니기, 잠자기 전 스트레칭, 식후 30분 자전거 타기, 유튜브 운동 영상 따라 하기는 바쁜 일상에서도 충분히 할 수 있습니다. 업무 중 책상에 앉아서 할 수 있는 스트레칭도 많으니 매일 틈나는 대로 몸을 움직여보세요.

6 너무 잦은 체중계, 눈바디 체크 금지

아침 몸무게에 따라 그날의 기분이 결정된다면 당분간 체중계에 올라가지 마세요. 너무 궁금하다면 3일에 한 번, 또는 일주일에 한 번 정도 확인합니다. 생리 전후에 복부의 느낌과 몸 전체의 부종도 상당하니 눈바디 체크에 실망할 필요 없어요. 잘하고 있다고 믿는 것이 더 중요합니다.

3주차

몸이 적응하는 파이팅 넘치는 한 주
자연과 친해지는 밥상 만들기

: 3주 차 미션 :

✓ 미션 완료 후 체크해보세요.

☐ 하루 한 끼는 가공식품 없이 자연식 차리기

☐ 잠들기 4~5시간 전부터 공복 가지기

☐ 양조절 레시피로 하루 한 끼 준비하기

☐ 야식 끊기 0회 도전하기

☐ 간식은 설탕, 밀가루 없는 걸로 하루 한 번만 먹기(하루 2회 이상 간식 먹던 사람 기준)

① 하루 한 끼는 자연식

가공되지 않은 자연 식품을 먹어요. 날것으로 먹기 어려운 것은 최대한 간단하게(찌거나 삶기) 조리합니다. 저는 하루에 한 번 이 식단으로 바꾸고 나서 피부가 부드러워지고, 이전보다 배변도 잘되고 혈색도 맑아졌어요. 저는 주로 아침에 토마토주스를 올리브오일과 함께 갈아 마시거나 오이, 토마토, 사과를 골고루 한 접시에 담아서 먹어요. 고구마, 단호박, 당근 같은 구황작물을 쪄서 먹어도 좋아요. 이렇게 먹으면 자연의 맛에 익숙해져서 가공식품과 점점 멀어질 거예요. 점심은 일반식 양조절(그날 먹고 싶은 걸로), 저녁은 저탄수화물 레시피로 만들어요. 일주일 저녁 식단 추천 메뉴도 정리해두었으니 참고해주세요. (P.026)

② 공복 시간 두기

체중 감량을 시작하면 배고픔을 느낄 수밖에 없어요. 일정한 공복 시간을 지켜보세요. 굶어서 살을 빼겠다는 마음보다는 위와 장을 쉬게 하고 숙면을 위한 준비로 생각해보세요. 2주 차에 야식 줄이는 연습을 했으니 다이어트 강도에 따라 12~16시간으로 설정하고 잠들기 전 몇 시간+취침 시간을 더하면 충분히 해낼 수 있습니다. 성공하지 못하는 날도 있겠지만 좌절하지 않고 계속하는 것이 중요합니다.

③ 하루 7~8시간 이상 충분히 잠자기

잘 먹고 잘 운동하는 것만큼 잘 자는 것이 중요합니다. 자는 동안 분비되는 좋은 호르몬 들이 있는데, 수면 부족 시 피로감과 스트레스를 유발하고 식욕 조절과 우울감에도 영향을 미칩니다. 행복하고 건강하게 오래 지속하려면 푹 자는 것이 중요합니다.

④ 나를 위한 요리하기

요리를 못해도 괜찮습니다. 하루 한 번은 건강한 식사를 스스로 준비해보세요. 요리하는 동안 다른 생각 없이 집중하게 되고 어떤 재료로 어떻게 만드는지 충분히 느껴보세요. 내 몸에 더 좋은 것을 채워줘야겠다는 생각이 저절로 들 거예요.

⑤ 영양제 챙겨 먹기

다이어트를 하다 보면 잘 챙겨 먹는데도 체력이 달리는 것을 느껴요. 종합 비타민도 좋고, 자신에게 필요한 영양소를 따로 챙겨 먹어도 좋아요. 유산균과 비타민C는 꼭 챙겨 먹어요.

⑥ 간식 줄이기

2주 차에 밀가루와 설탕을 인지했다면 과감히 줄이거나 끊어보세요. 다이어트 간식도 칼로리가 높은 제품이 많으니 횟수와 양을 조금 더 조절해보세요.

⑦ 꾸준히 운동하기, 자세 교정하기

아름다운 몸을 만드는 방법 중에 하나가 바른 자세예요. 몸이 비대칭이 되지 않도록 한쪽으로만 씹는 습관, 가방을 한쪽으로 들거나 매는 것, 다리 꼬는 것, 턱 괴는 것을 삼갑니다. 걷거나 앉는 자세도 신경 쓰세요.

마음을 돌보는 한 주
칼로리 계산과 계량 저울은 안녕

: 4주 차 미션 :

✔ 미션 완료 후 체크해보세요.

☐ 처음 식사량의 절반 정도로 줄이기

☐ 저녁은 저탄수화물 저당 식사하기

☐ 계량 저울과 칼로리 계산 없이 내 포만감과 만족감에 집중하기

☐ 밥 먹을 때 영상 보지 않고 밥만 먹기(마인드풀 이팅)

① 처음 식사량의 절반 정도로 줄이기

3주간 잘해 왔다면 포만감을 느끼는 양이 상당히 줄어들었을 거예요. 밥을 두 공기 먹었다면 한 공기로, 한 공기 먹었다면 반 공기로 줄이는 것이 어렵지 않을 겁니다. 반으로 줄였는데 힘들다면 조금 더 먹어도 됩니다. 개인차가 있으니 전 단계를 한 주 더 해도 됩니다.

② 저녁 저탄수화물 저당 식사하기

저녁에 밀가루와 설탕을 먹지 않는 것만으로 몸이 좋아지는 효과가 있어요. 저는 아침에 부기가 없고, 하루 종일 피곤함이 덜하며, 역류성 식도염이 사라지고, 후두부(귀와 목 뒤쪽)가 뻐근한 증상도 없어졌어요. 시판 소스에 들어 있는 정도는 허용하지만 밀가루와 설탕을 사용하지 않도록 합니다.

3 마인드풀 이팅(mindful eating)

먹는 것에 집중하는 것이 중요합니다. 지금 먹고 있는 음식의 맛, 모양, 재료마다 가진 식감, 향에 집중하면 잘 먹었다는 생각을 하게 됩니다. 텔레비전이나 스마트폰을 보면서 먹을 때와 달라요. 일주일 동안 꼭 실행해보세요.

4 칼로리와 성분에 집착하지 않기

아무거나 먹으라는 뜻이 아니에요. 모든 음식의 칼로리와 성분을 알 수 없으니 그냥 마음 편히 먹으라는 것입니다. 친구들과 어울리는 자리에서 칼로리를 따질 필요 없어요.

5 음식에 대한 혐오감과 죄책감에서 벗어나기

뼈말라, 먹토, 먹뱉이라는 신조어가 생겨날 정도로 거식 증세를 앓는 분들이 많아요. 거식증까지는 아니더라도 탄수화물은 무조건 안된다는 식의 편중된 생각은 음식에 대한 혐오감과 죄책감으로 마음이 괴로울 수 있습니다. 식이장애를 앓고 있다면 전문의의 도움을 꼭 받으세요.

6 언제든 내가 먹고 싶으면 먹을 수 있다는 생각으로 몰아서 먹지 않기

내일부터, 다음 달부터 다이어트를 계획하면 마음껏 못 먹는다는 생각에 폭식하는 경우가 많아요. 치팅데이를 따로 두지 말라고 한 이유입니다. 양조절 다이어트는 먹고 싶은 음식을 언제든지 먹어도 됩니다.

7 행복이 우선, 억지로 하지 않기, 쉬어가고 싶을 때는 언제든 쉬어가기

여성은 한 달에 한 번 월경이 찾아옵니다. 그때는 운동을 쉬는 것이 좋아요. 몸이 아픈데 운동을 계속할 이유가 없어요. 쉬어가야 할 때는 마음 편히 쉬세요.

8 포기하지 않기, 언제든 제자리로 돌아오기

오래된 습관일수록 고치기 어렵고 시간이 필요하기 때문에 짧은 기간 해보고 스스로에게 실망하거나 포기하지 마세요. 여행이나 주말 이후에 늘 해오던 루틴이 잠깐 흐트러지더라도 제자리로 돌아오도록 노력하세요.

다이어트 Q&A

Q1 : 당장 뭐부터 시작하면 좋을까요?

다이어트 계획표를 짜고 각자 생활 패턴에 맞춰 작은 습관부터 바꿔야 합니다. 우선 매일 먹는 식사량을 파악하는 것이 좋습니다. 매일 같은 크기의 그릇에 밥을 담아 먹다가 서서히 줄여나갑니다. 식판을 사용하는 것도 좋습니다. 밖에서 밥을 먹을 때는 앞접시를 사용하고 내가 얼마나 먹고 있는지 항상 인지합니다. 헬스장을 등록하는 것도 좋고, 집에서 할 수 있는 소도구 운동, 스트레칭, 계단 오르기, 걷기, 자전거도 많은 도움이 됩니다.

Q2 : 폭식과 절식을 반복하고 있어요. 일반식은 무서워요. 어떻게 해야 할까요?

굶는 다이어트로 성공하는 방법은 딱 한 가지, 평생 굶는 것입니다. 한마디로 불가능합니다. 초절식 다이어트를 하다가 일반식을 먹으면 당장은 살이 찌는 것 같은데, 그 시기를 잘 지나 건강한 식습관을 들여야 합니다. 초절식을 평생 할 수 있는가, 왜 다이어트를 하는가를 생각해보세요.

Q3 : 다이어트 보조제 먹어도 될까요?

무조건 나쁜 것이 아니라 의존하는 것이 문제입니다. 살 빠지는 약은 아직 세상에 없어요. 저는 유행하는 보조제를 많이 먹어봤지만 한 번도 성공하지 못했어요. 첫 번째는 약만 믿고 식단 조절을 전혀 하지 않았고, 두 번째는 약의 효과를 극대화하기 위해서 또는 약값이 아까워서 무조건 굶었기 때문이에요. 광고는 광고일 뿐 만병통치약이 아닙니다. 오랜 기간 보조제를 먹으면 약 없이 음식을 먹기가 두려워집니다. 2가지에 해당된다면 보조제를 먹지 않는 것이 좋아요.

Q4 : ○○을 못 끊겠어요(간식, 술, 밀가루, 설탕 등).

당장 끊을 필요 없습니다. 우선 다이어트를 위해 과감히 끊을 수 있는 것과 줄이고 싶은 것을 구분합니다. 갑자기 모든 것을 끊어버리면 스트레스를 받을 수 있으니 끊을 것과 줄일 것을 정하는 것이 아주 중요해요. 습관처럼 먹는 경우가 많으니 횟수와 양도 꼭 확인해보세요.

Q5 : 정체기를 극복하고 싶어요.

체중 감량은 수직으로 쭉 내려가는 것이 아니라 계단형을 그린다고 생각하세요. 몸은 우리가 먹는 음식과 운동에 적응하게 되어 있고 체중도 일정 기간 정체되었다가 조금씩 줄어듭니다. 정체 기간이 길어지면 스트레스를 받게 되죠. 정체기를 극복하는 방법은 첫 번째, 꾸준히 하는 것입니다. 두 번째는 다이어트 상황을 체크하는 것입니다. 살이 좀 빠졌다고 예전에 먹던 간식을 먹는지, 건강식이라고 해서 과식하는 것은 아닌지, 식사량 조절과 운동에 소홀하지 않은지 확인합니다. 세 번째는 식사와 운동 패턴에 변화를 줍니다. 공복에 유산소운동을 하거나 가볍게 뛰는 것도 좋습니다. 식사는 이전보다 조금 더 가볍게 하고 두 번째 방법과 반대로 너무 적게 먹고 있는 건 아닌지도 확인합니다. 섭취 열량이 적으면 소비도 적어서 정체기가 길어질 수 있어요.

• 양조절 다이어트 식단 •

나에게 맞는 양조절 다이어트 식단을 소개합니다. 양조절이 처음이신 분도 하루 한 끼 부터라도 식단을 따라하다 보면 분명 몸의 변화를 느낄 수 있을 거예요.

1 매일 점심 도시락으로 하는 다이어트 식단

매일 도시락을 준비하는 분들께 추천합니다. 아침은 가벼운 자연식, 저녁은 일반식을 먹되 양조절은 필수예요.

월요일	화요일	수요일	목요일
새우볶음밥 P.124	게맛살사과 두부유부초밥 P.156	저탄수달걀김밥 P.172	스프링롤 도시락 P.120

금요일	토요일	일요일
닭가슴살볶음밥 P.170	참치감태주먹밥 P.152	닭안심시금치 토르티야랩 P.162

❷ 간단하지만 근사한 한 끼 다이어트 식단

어렵지 않은 레시피이지만 눈으로 먼저 먹는 예쁜 요리입니다. 하루 한 번 나를 위해 근사하게 차려보세요.

월요일	화요일	수요일	목요일
연어리스샐러드 P.128	라타투이 P.078	오이참치오픈토스트 P.148	통밀샐러드파스타 P.206

금요일	토요일	일요일
고구마가지말이 P.092	소고기쌈무구절판 P.194	감태연어말이 P.126

❸ 점심은 든든한 밥으로, 저녁은 가벼운 채소로 하는 다이어트 식단

한국인은 밥심이라며 점심에 꼭 밥을 먹어야 하는 분들께 추천합니다. 아침은 자연식, 저녁은 가볍게 샐러드를 먹어요.

월요일	화요일	수요일	목요일
점심 ┃ 명란오차즈케 P.134 저녁 ┃ 리셋수프 P.186	점심 ┃ 달래간장 두부비빔밥 P.108 저녁 ┃ 오이참치 옥수수카나페 P.146	점심 ┃ 적양배추새우포케 P.046 저녁 ┃ 로메인표고버섯 샐러드 P.070	점심 ┃ 애호박참치덮밥 P.144 저녁 ┃ 토마토오이양파 샐러드 P.068

금요일	토요일	일요일
점심 l **양배추 베이컨덮밥** P.036 저녁 l **흑임자 새우샐러드** P.122	점심 l **초간단텐신항** P.176 저녁 l **애호박통구이** P.080	점심 l **아보카도 참치비빔밥** P.142 저녁 l **새우콥샐러드** P.118

④ 저녁 저탄수화물 다이어트 식단 1

아침과 점심에는 다이어트 식단을 먹을 수 없고, 밖에서 탄수화물 위주로 먹는 분들께 추천합니다. 저녁에는 저탄수화물 식단으로 가볍게 드세요.

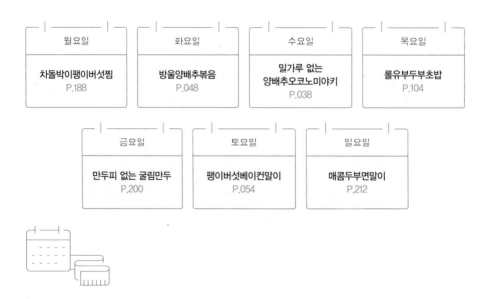

월요일	화요일	수요일	목요일
차돌박이팽이버섯찜 P.188	**방울양배추볶음** P.048	**밀가루 없는 양배추오코노미야키** P.038	**롤유부두부초밥** P.104

금요일	토요일	일요일
만두피 없는 굴림만두 P.200	**팽이버섯베이컨말이** P.054	**매콤두부면말이** P.212

5 저녁 저탄수화물 다이어트 식단 2

월요일	화요일	수요일	목요일
팽이버섯달걀전 P.056	양배추무침과 목살구이 P.044	닭가슴살데리야키꼬치 P.160	두부에그인헬 P.102

금요일	토요일	일요일
모둠버섯탕 P.062	알배추두부말이 P.100	저탄수소시지김밥 P.180

이 책의 레시피에서 자주 사용하고 다이어트에 효과적인 재료를 소개합니다.

올리브오일

항산화 성분과 불포화지방산을 포함하고 있는 올리브오일. 다이어트할 때도 건강한 지방을 섭취하는 것이 필수예요. 올리브가 가장 신선할 때 짜내 산도가 낮은 엑스트라 버진을 고르고, 항산화 성분은 햇빛에 파괴되기 쉬우니 투명한 병에 든 제품은 피하세요.

스테비아

설탕의 250배 정도 단맛을 내는 스테비아는 또 하나의 천연 감미료인 에리스리톨과 배합되어 쓴맛을 줄인 제품이 좋아요. 설탕의 1/2 정도로 충분히 단맛을 낼 수 있어요. 혈당을 자극하지 않아 다이어트는 물론 당뇨 관리를 해야 하는 경우에도 좋습니다.

알룰로스

건포도와 무화과 등에서 추출하는 알룰로스는 칼로리가 설탕의 1/10밖에 되지 않아요. 스테비아와 마찬가지로 너무 많이 섭취하면 복통이나 설사를 일으킬 수 있습니다.

올리고당

설탕이나 물엿보다 칼로리가 적어서 좋아요. 다만 열에 약해 오랜 시간 끓이면 단맛이 줄어들어서 많이 넣게 된다는 점에 주의하세요.

굴소스

간편하게 감칠맛을 낼 수 있어요. 다이어트를 하더라도 맛있게 먹는 것이 중요합니다. 맛있게 먹어야 군것질도 줄어드니까요. 굴소스는 특히 볶음 요리에 넣으면 좋아요.

마요네즈&케첩

요즘은 무설탕, 저지방, 1/2칼로리 제품이 많이 나옵니다. 굴소스와 마찬가지로 감칠맛을 더해서 여러 가지 요리에 활용합니다.

홀그레인 머스터드&크러쉬드 레드페퍼

씨겨자는 고기 먹을 때도 좋고 샌드위치에도 꼭 들어갑니다. 크러쉬드 레드페퍼는 말린 고추를 빻은 것으로 장식용으로도 사용하고 고기나 볶음밥에 매콤한 맛을 더합니다. 실온보다 냉장 또는 냉동 보관하면 끝까지 매콤하고 선명한 색을 유지합니다.

스리라차 소스

다이어터 사이에서 가장 유명한 소스예요. 단맛이 거의 없고 매콤한 칠리 소스로 칼로리가 '0'이라고 하지만, 식품위생법에 따라 표기한 것이고 칼로리가 조금은 있어요. 나트륨과 함께 설탕이 조금 들어가는 제품도 있습니다. 굴소스와 마찬가지로 너무 많이 사용하지 않으면 다이어트에 좋아요.

현미

좋은 영양분이 고스란히 담긴 통곡물은 식이섬유가 풍부하고 GI지수(혈당지수)가 흰쌀보다 낮아 인슐린 분비를 낮추고 오래도록 포만감을 느낄 수 있습니다. 좋은 현미는 알알이 고르고 통통하며 묵은 냄새 없이 고소한 곡물 향이 납니다. 포장된 제품은 최근 생산된 것이 좋아요.

퀵 오트밀

오트밀은 귀리를 납작하게 누른 것으로 식이섬유가 풍부하고, 밥보다 적은 양으로 포만감을 주어 쌀 대신 리조토와 죽에 넣으면 좋아요. 누룽지처럼 구수하고 조리 시간도 매우 짧아서 편리해요. 오트밀은 날벌레가 생기기 쉬우니 냉장 또는 냉동 보관합니다.

• 다이어트 식재료 보관 방법 •

양조절 레시피에서 많이 사용하는 식재료 보관 방법을 알려드릴게요. 채소는 물기를 빼는 것이 중요하니 미리 씻어놓지 말고 조리하기 직전에 씻는 것이 가장 좋습니다. 미리 씻어놓는다면 키친타월이나 채소탈수기로 물기를 완전히 빼고 보관합니다.

두부

용기에 두부가 잠길 만큼 물을 부어서 냉장 보관하고 물은 매일 갈아준다.

양배추

자른 단면에 랩을 감싸거나 용도별로 썰어서 용기에 담는다.

달걀

뚜껑이 없고 공기가 잘 통하는 바구니 모양 용기에 담아서, 온도 변화가 잦은 문보다는 냉장고 안쪽에 보관하는 것이 좋다.

새우

냉동 보관하고 냉장실로 옮겨 자연 해동하거나 찬물에 담가 해동해야 비린내가 나지 않는다.

상추 · 깻잎

긴 용기에 꼭지를 밑으로 놓고 세워서 보관하거나 키친타월로 감싼 후 밀폐용기에 담는다.

청경채 · 알배추

키친타월로 감싸 뿌리 부분을 밑으로 두고 세워두면 오래 보관할 수 있다.

샐러드 믹스

큰 용기 아래, 위, 중간에 키친타월을 깔고 2일에 한 번씩 키친타월을 갈아준다.

애호박 · 가지 · 오이 · 파프리카

자른 단면을 랩으로 감싸 공기를 차단하고 키친타월에 싸서 비닐팩에 넣는다.

콩나물 · 숙주

재료가 잠길 만큼 물을 붓고, 물은 매일 갈아준다.

양파

어둡고 건조한 실온에 통풍이 잘되는 망에 담아둔다.

깐 양파

씻어서 키친타월로 물기를 완전히 제거하고 하나씩 랩에 싼다.

곤약면

실온 제품인지 냉장 제품인지 확인하고 표기에 따라 보관한다.

브로콜리·콜리플라워

송이와 대를 나눠서 용기에 키친타월을 깔고 담아 냉장 보관한다. 살짝 데쳐서 냉동 보관해도 된다.

바나나

실온에 보관한다. 검은 반점이 골고루 올라온 상태로 후숙되면 껍질을 벗겨서 냉동 보관한다.

토마토·방울토마토·고추

꼭지부터 부패되니 꼭지를 모두 떼어내고 냉장 보관한다.

대파·쪽파·부추

씻지 않고 신문지나 키친타월에 감싸고, 2~3일에 한 번 갈아준다.

고구마·감자·당근

땅에서 바로 캐내 포장한 것은 수분이 많아 곰팡이가 피기 쉬우니, 신문지를 펴고 2~3일 말려서 직사광선이 없고 건조한 곳에 실온 보관한다.

아보카도

초록색 아보카도는 실온에서 3~4일간 후숙하는데, 꼭지가 쉽게 떨어지고 검은빛이 도는 적갈색이 될 때까지 둔다. 오래 두고 먹으려면 씨와 껍질을 제거하고 냉동 보관한다.

버섯

키친타월로 감싸고 용기에 담아 냉장 보관하거나, 먹기 좋은 크기로 미리 썰어서 냉동 보관한다. 언 버섯은 미끄러워서 칼질이 위험하니 꼭 미리 썰어서 냉동한다.

닭가슴살·소고기·돼지고기

한 번 먹을 양만큼 나눠서 랩으로 싸고 밀폐용기에 담아 냉동 보관한다. 비닐에 담아 냉동하면 수분 손실이 많아 푸석해지며, 급하게 해동하는 것보다 하루 전에 냉장실로 옮겨 서서히 해동하면 냉장고기 맛에 가장 가깝다.

김밥김

입구를 집게로 집어서 눅눅해지지 않도록 냉동 보관한다.

1큰술

| 가루류 | 숟가락에 수북이 떠서 담아주세요.

| 액체류 | 숟가락에 넘치지 않을 정도로 담아주세요.

1줌

한 손에 담길 만큼 집어주세요.

1/2큰술

| 가루류 | 숟가락 절반 정도 담아주세요.

| 액체류 | 숟가락 절반 정도 담아주세요.

1꼬집

엄지와 검지로 집은 분량입니다.

1작은술

| 가루류 | 작은 숟가락(아이스크림 숟가락)에 수북이 떠서 담아주세요.

| 액체류 | 작은 숟가락(아이스크림 숟가락)에 넘치지 않을 정도로 담아주세요.

1컵

종이컵 크기로 계량해주세요. (180~200ml)

통썰기

재료 본연의 모양대로 썰어주세요.

채썰기

통썰기한 후 두께에 맞춰 길게 썰어주세요.

어슷썰기

사선으로 통썰기를 하세요.

송송 썰기

길이가 긴 채소를 얇게 통썰기하는 방법
이에요.

잘게 다지기

얇게 채썰기한 채소를 다시 가로로 잘게
썰어주세요.

깍둑썰기

정육면체 모양으로 썰어주세요.

반달썰기

채소의 길이대로 반으로 갈라 얇게 또는
도톰하게 썰어주세요.

PART 1

포만감 최고의 식재료

양배추

Cabbage

〈타임〉지가 선정한 장수 식품 중 하나인 양배추는 위 건강에 좋고 비타민C
와 B, U, 식이섬유가 풍부해 변비 예방에도 탁월하죠. 100g당 30kcal 정도로
포만감을 채워주어 다이어트에 무엇보다 좋은 식재료예요. 샐러드, 볶음, 찜
등 다양하게 요리해서 먹을 수 있어요.

양배추베이컨덮밥

양배추는 몸에 좋은 리놀레산이 가득 들어 있어 콜레스테롤 수치를 낮춰주고
뇌혈관의 순환을 원활하게 하여 뇌 건강에도 좋습니다.
칼로리는 낮고 포만감과 식이섬유가 가득한 양배추에 베이컨을 더해서 특별한 양념 없이도 맛있는 덮밥을 만들어보세요.

Diet Recipe 01

재료 양배추(채 썬 것) 2줌
베이컨 2줄
밥 150g
들깻가루 1/2큰술
생수 1큰술
간장 1큰술
쪽파(송송 썬 것) 조금
깨 조금

Tip 쪽파 대신 대파를 썰어서 올려도 됩니다.

   * 샌드위치 햄이나 닭가슴살 소시지를
   사용해도 좋아요.

1 양배추를 깨끗이 씻어 0.5cm 두께로 채 썰어주세요.

2 베이컨도 양배추와 같은 두께로 썰어주세요.

3 팬에 베이컨을 올리고 약불에 1분간 볶아주세요.

4 베이컨에서 기름이 나오면 양배추를 넣고 중불로 올려 잘 섞어주세요.

5 들깻가루, 간장, 생수를 넣고 3분간 더 볶아주세요.

6 밥 위에 양배추베이컨볶음을 올리고 송송 썬 쪽파와 깨를 올립니다.

밀가루 없는 양배추오코노미야키

밀가루에 고기와 채소를 섞어 빈대떡처럼 두툼하게 부치는 오코노미야키를
밀가루 없이 간단한 재료로 맛있게 만들 수 있어요.
좋아하는 해물을 넣으면 더 맛있습니다.

재료 양배추(채 썬 것) 2줌
        달걀 2개
        손질 새우(큰 것) 5마리
        올리브오일 1큰술
        소금 1꼬집
        가쓰오부시 2줌
        쪽파 2대

소스 저칼로리 마요네즈 1/2큰술
        돈가스 소스 1/2큰술

Tip ∥ 작은 팬에 두툼하게 부치면 더 맛있습니다.

    ∥ 돈가스 소스 대신 스테이크 소스를
      넣어도 됩니다.

1

양배추는 식감을 위해 1cm 두께로 굵직하게 채 썰어주세요.

2

새우도 1cm 크기로 굵게 다집니다.

3

큰 볼에 채 썬 양배추, 달걀 2개, 다진 새우, 소금을 넣고 잘 섞어주세요.

4

팬에 올리브오일을 두르고 3의 반죽을 한 국자 떠 올려서 중약불에 부쳐주세요.

5

2분 정도 충분히 부친 후 한 번 뒤집어서 부치고, 다시 한 번 더 뒤집어서 부친 다음 접시에 올립니다.

6

저칼로리 마요네즈와 돈가스 소스를 섞어서 오코노미야키 위에 얇게 펴 발라요.

7

가쓰오부시를 듬뿍 올린 다음, 쪽파를 0.3cm 크기로 송송 썰어서 뿌립니다.

양배추오픈토스트

다이어트 중에 길거리를 지나가다 토스트 냄새가 나면 정말 그냥 지나치기 힘들어요.
케첩과 설탕을 솔솔 뿌려 먹는 토스트, 다이어트 중에도 맛있게 먹을 수 있어요.

재료 양배추 2장(손바닥 크기)
통밀 식빵 1장
달걀 2개
슬라이스 햄 1장
어린잎채소 조금
올리브오일 1큰술
후춧가루 조금
소금 1꼬집

소스 저칼로리 마요네즈 1/3큰술
스리라차 소스 1/3큰술

1

양배추는 0.3cm 두께로 얇게 채 썰어주세요.

2

채 썬 양배추를 흐르는 물에 여러 번 헹구고 체에 받쳐 물기를 빼주세요.

3

그릇에 달걀을 풀고 채 썬 양배추, 후춧가루, 소금을 넣고 잘 섞어주세요.

4

통밀 식빵은 기름 없이 중약불에 30초 정도 앞뒤로 바삭하게 구워주세요. 냉동 식빵은 가장 약불에서 시작해 조금씩 불을 올려가며 구워주세요.

5

팬에 올리브오일을 두르고 3의 반죽을 올려서 뒤집개로 사각형 모양을 잡아주세요.

6

중불에 2분 정도 부친 후 슬라이스 햄을 올리고 뒤집어서 1분 정도 더 부쳐주세요.

Tip ▸ 입구가 좁은 통에 소스를 넣어 예쁘게 뿌려보세요.

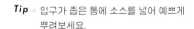

7

구운 빵에 양배추달걀부침을 올리고 어린 잎채소를 올려주세요.

8

스리라차 소스와 저칼로리 마요네즈를 뿌립니다.

적양배추라페

보랏빛 적양배추는 눈에 좋은 안토시아닌 성분이 가득해요. 강력한 항산화 성분과 비타민도 풍부하죠.
위 건강에도 좋은 양배추 절임을 만들어두고 식사에 곁들여보세요.
당근라페와는 또 다른 매력이 있어요.

재료 적양배추 250g
소금 1/2작은술
홀그레인 머스터드 1.5큰술
식초(또는 레몬즙) 4큰술
후춧가루 5꼬집
스테비아 1/2작은술
올리브오일 5큰술

1

적양배추는 슬라이서나 칼을 사용해 0.5cm 두께로 얇게 채 썰어주세요.

2

채 썬 적양배추에 소금을 뿌리고 골고루 버무려 15분간 재워둡니다.

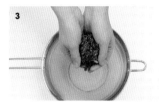
3

두 손으로 절인 적양배추의 물기를 꽉 짜 냅니다. 물에 헹구지는 마세요.

4

홀그레인 머스터드, 식초(또는 레몬즙), 후 춧가루, 스테비아, 올리브오일을 넣고 버 무려주세요.

Tip 3시간 이상 숙성하면 더 맛있어요.

레몬즙은 식초보다 신맛이 덜하니 입맛에 맞게 가감하세요.

스테비아 대신 올리고당이나 알룰로스를 넣어도 됩니다.

양배추

양배추무침과 목살구이

삼겹살보다 지방이 적고 담백한 목살을 굽고 파 무침 대신 위에 좋은 양배추를 새콤달콤하게 무쳐서 곁들였어요.
저탄수화물 저녁 식단으로 추천합니다.

재료 양배추 2~3장(손바닥 크기)
　　　양파 1/4개
　　　오이 1/4개
　　　깻잎 3장
　　　목살 150g
　　　후춧가루 조금
　　　고춧가루 1큰술
　　　식초 1큰술
　　　스테비아 1/2큰술
　　　액젓 1/2큰술
　　　다진 마늘 1작은술
　　　참기름 1/2큰술
　　　깨 1작은술

Tip ◦ 액젓 대신 소금이나 간장을 넣어도 됩니다.

1

목살은 굽기 20분 전에 후춧가루를 뿌려 밑간하고 실온에 둡니다.

2

양배추와 양파는 0.5cm 두께로 채 썰고, 깻잎은 꼭지를 떼어내고 돌돌 말아 채 썰어주세요.

3

오이는 세로로 절반을 잘라 0.5cm 두께로 어슷썰기하세요.

4

큰 볼에 채 썬 양배추, 양파, 오이를 담고, 고춧가루, 식초, 스테비아, 액젓, 다진 마늘을 넣고 잘 섞어주세요.

5

깨와 참기름을 넣어 한 번 더 가볍게 버무리고 채 썬 깻잎을 올립니다.

6

목살을 구워서 곁들입니다.

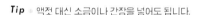

적양배추새우포케

포케는 '자른다'는 뜻의 하와이 음식이에요.
1탄에서는 연어와 날치알로 만들었는데 이번에는 게맛살과 새우를 올렸습니다.
아주 얇게 채 썬 양배추의 식감이 정말 좋아요.

재료
손질 새우 7마리
현미밥 100g
적양배추 2~3장(채칼 필수)
양파 1/5개
게맛살 1개
아보카도 1/2개
캔옥수수 1큰술
후리가케 1큰술
다진 마늘 1작은술
올리고당 1/2큰술
올리브오일 1큰술
소금 조금
후춧가루 조금

Tip 사우전드 아일랜드 드레싱과 오리엔탈 드레싱 둘 다 잘 어울립니다.

비벼 먹어도 되고 그대로 떠서 먹어도 맛있습니다.

아보카도는 껍질에 검은빛이 돌고 말캉하게 후숙한 것을 사용합니다.

1 팬에 올리브오일을 두르고 다진 마늘과 새우를 넣어 앞뒤로 노릇하게 구워주세요.

2 불을 최대한 낮추고 소금, 후춧가루, 올리고 당을 넣고 버무린 후 불을 끄고 식힙니다.

3 적양배추는 채칼을 사용해 가장 얇은 두 께로 채 썰고, 양파도 얇게 슬라이스해주 세요.

4 게맛살은 손으로 살짝 눌러서 가닥가닥 얇게 찢어주세요.

5 아보카도는 0.5cm 두께로 썰어주세요.

6 동그랗게 뭉친 현미밥을 접시에 놓고 주 위에 채 썬 적양배추, 양파, 게맛살, 아보 카도, 캔옥수수를 둘러주세요.

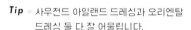

7 밥 위에 후리가케를 뿌립니다.

방울양배추볶음

속이 꽉 찬 방울양배추는 한 손에 여러 개를 쥘 수 있을 만큼 정말 앙증맞은 크기예요.
방울양배추를 살짝 데쳐서 좋아하는 채소와 닭가슴살 소시지를 함께 볶아볼게요.

재료 방울양배추 5개
방울토마토 3개
양파 1/4개
노랑 파프리카 1/4개
닭가슴살 소시지 1개
소금 1/2작은술
올리브오일 2큰술
굴소스 1큰술
후춧가루 조금
쪽파 1대
검은깨 조금

1

방울양배추는 반으로 잘라 흐르는 물에
잘 씻어주세요.

2

끓는 물에 소금을 넣고 방울양배추를 1분
간 데친 후 체에 받쳐 물기를 뺍니다.

3

방울토마토는 반으로 자르고, 노랑 파프
리카와 양파는 엄지손가락 크기로 큼직하
게 썰어주세요.

4

닭가슴살 소시지는 칼집을 3~4번 어슷하
게 넣어주세요.

5

팬에 올리브오일을 두르고 중불에 데친
방울양배추, 양파, 닭가슴살 소시지를 볶
아주세요.

6

양파가 투명해지고 방울양배추가 노릇하
게 익으면 굴소스, 후춧가루, 노랑 파프리
카, 방울토마토를 넣어주세요.

7

센 불로 올려 30초 더 볶은 후 송송 썬 쪽
파와 검은깨를 뿌립니다.

PART 2

다이어트의 적, 변비에 좋은

버섯

Mushroom

버섯의 종류마다 각각의 효능이 있지만, 공통적으로 식이섬유가 풍부하고 칼로리가 낮아 포만감을 줍니다. 콜레스테롤 흡수를 방해하고 지방을 분해하며, 항암, 혈관 질환 예방에도 좋은 버섯은 꼭 빠뜨리지 말고 자주 챙겨 드세요.

황금팽이대파전

버섯은 칼로리가 낮으면서 포만감이 좋은데, 특히 식이섬유가 가득한 팽이버섯은 체지방 분해에 좋다고 합니다.
쫄깃한 황금팽이버섯으로 맛있는 전을 만들어보세요.

재료 황금팽이버섯 1봉지
대파(푸른 부분) 3대
달걀 2개
소금 조금
후춧가루 조금
올리브오일 3큰술

양념장 간장 1큰술
식초 1큰술
깨 조금

대파(푸른 부분)는 깨끗이 씻어서 4cm 길이로 썰어주세요.

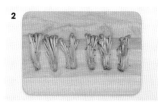

황금팽이버섯은 밑동을 잘라내고 대파 속에 쏙 들어갈 분량씩 나눕니다.

넓은 그릇에 달걀, 소금, 후춧가루를 넣고 잘 풀어주세요.

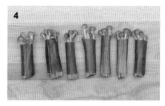

대파 속에 팽이버섯을 넣고 달걀물에 담가주세요.

팬에 올리브오일을 두르고 중불로 예열해서 달걀물 입힌 대파팽이버섯을 4~5분간 부칩니다.

중불을 유지하며 두어 번 뒤집어서 노릇하게 부쳐주세요.

간장, 식초, 깨를 섞어서 양념장을 만들어주세요.

황금팽이대파전을 양념장과 함께 냅니다.

팽이버섯베이컨말이

지글지글 구운 음식이 먹고 싶은 날이 있을 거예요. 더불어 술 한잔도 생각나죠.
고칼로리 안주 대신 체지방 분해에도 좋고 칼로리도 낮은 팽이버섯을 안주 삼아 간단하게 즐겨보세요.

재료　팽이버섯 1봉지
　　　　베이컨 8장
　　　　쪽파 10대
　　　　김밥김 1장
　　　　파슬리 조금

Tip　베이컨은 기름기가 충분히 배어 나오니
　　　따로 기름을 두를 필요 없습니다.

팽이버섯은 밑동을 잘라냅니다.

쪽파도 팽이버섯과 비슷한 길이로 썰어주세요.

김밥김은 1cm 두께의 띠 모양으로 길게 잘라둡니다.

베이컨을 펼쳐서 팽이버섯(손가락 두께만큼)과 쪽파를 올리고 돌돌 말아줍니다.

길게 잘라둔 김으로 단단히 고정해서 말고 끝에 물을 묻혀 한 번 더 고정합니다.

중약불에 기름을 두르지 않고 2~3분간 구워서 파슬리를 솔솔 뿌려주세요.

팽이버섯달걀전

체지방 분해에 좋은 팽이버섯은 1봉지를 한꺼번에 다 먹어도 칼로리가 낮아서 전혀 부담 없어요.
저탄수화물 식단은 물론이고 지글지글 부친 전이 먹고 싶거나 맥주 한잔하고 싶을 때도 가볍게 만들기 좋아요.

재료 팽이버섯 1봉지
　　　달걀 3개
　　　홍고추 1/2개
　　　쪽파 2대
　　　올리브오일 2큰술
　　　소금 2꼬집
　　　후춧가루 조금

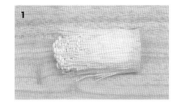

1

팽이버섯은 지저분한 밑동을 잘라냅니다.

2

달걀에 소금, 후춧가루를 넣고 골고루 풀어주세요.

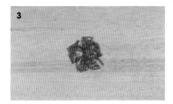

3

홍고추는 반으로 갈라 씨를 빼내고 0.3cm 두께로 다집니다.

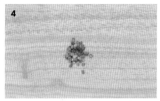

4

쪽파도 0.3cm 두께로 송송 썰어주세요.

5

팬에 올리브오일을 두르고 팽이버섯을 올려 펼칩니다.

6

동그란 모양이 흐트러지지 않게 한 번만 뒤집어서 노릇하게 구워주세요.

7

풀어둔 달걀물을 팽이버섯 위에 붓고 다진 홍고추와 송송 썬 쪽파를 골고루 올립니다.

8

가장 약불로 뚜껑을 덮고 2분간 부쳐주세요.

구운버섯카레오트밀죽

카레 요리에 고기를 넣지 않아도 맛있게 먹을 수 있어요.
오트밀죽을 보글보글 끓여서 구운 버섯과 각종 채소를 올려 먹으면 보양식처럼 온몸이 따뜻해집니다.

재료 두유 200ml
생수 50ml
고체 카레 1/4조각(또는 카레 가루 2큰술)
오트밀 50g
방울양배추 3개
새송이버섯 1개
방울토마토 5개
양파 1/4개
올리브오일 2큰술
크러쉬드 레드페퍼 조금(선택)

1

양파는 1cm 두께로 채 썰어서 잘게 다집니다.

2

팬에 올리브오일 1큰술을 두르고 중불에 양파를 2분간 볶아주세요.

3

양파가 투명해지면 두유, 생수, 고체 카레를 넣고 저어가며 풀어주세요.

4

방울양배추와 방울토마토는 반으로 자르고, 새송이버섯은 세로로 4등분합니다.

5

팬에 올리브오일 1큰술을 두르고 중불에 방울양배추와 새송이버섯을 먼저 2분간 굽다가 마지막에 방울토마토를 넣고 1분만 볶아주세요.

6

3에 오트밀을 넣고 3분간 푹 퍼지도록 끓입니다. 너무 걸쭉하면 물을 조금 더 넣어주세요.

Tip 오트밀을 넣고 눌어붙지 않도록 계속 저어주어야 합니다.

7

그릇에 카레오트밀죽을 담고 구운 방울양배추, 새송이버섯, 방울토마토를 올립니다.

8

크러쉬드 레드페퍼(선택)를 뿌립니다.

표고버섯오트밀소고기죽

아침에 먹기 좋은 메뉴예요.
애호박, 양파, 당근 등 사용하고 남은 자투리 채소를 모아두었다가 죽을 만들어보세요.
오트밀은 식이섬유가 풍부하고 고혈압 예방에도 좋아요.

재료 다진 소고기 50g
오트밀 50g
생수 300ml
표고버섯 1개
자투리 채소(당근, 애호박, 양파 등) 1/2컵
쪽파 1대
소금 3꼬집
후춧가루 조금
참기름 1/2큰술
깨 조금

1

다진 소고기는 후춧가루를 뿌려 밑간합니다.

2

당근, 애호박, 양파 등 자투리 채소와 표고버섯은 0.5cm 크기로 잘게 깍둑썰기합니다.

3

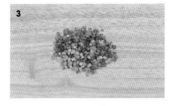

쪽파도 0.3cm 두께로 송송 썰어주세요.

4

다진 소고기를 약불에 볶다가 겉이 익으면 생수를 붓고 끓여주세요.

5

다진 채소와 표고버섯, 오트밀을 넣고 3~4분간 중불에 눌어붙지 않도록 저어가면서 끓여주세요.

6

소금으로 간을 맞추고 불을 끈 후 참기름을 넣어 잘 섞어주세요.

7

깨와 송송 썬 쪽파를 뿌립니다.

모둠버섯탕

버섯은 칼로리가 적으면서 포만감이 좋아 저탄수화물 레시피로 든든하게 먹을 수 있어요.
샤부샤부를 먹고 싶을 때 간단하게 만들어보세요.

재료 새송이버섯 1개
팽이버섯 1/2봉지
표고버섯 2개
청경채 1포기
숙주 1줌
샤부샤부용 소고기 50g
생수 500ml
홍고추 1/2개
쪽파 1대
쯔유 5큰술
후춧가루 조금
소금 조금

Tip 표고버섯의 대를 버리지 말고
육수 만들 때 같이 넣고 끓여주세요.

쯔유는 제품마다 염도가 다르니
3~5숟가락을 조절해가며 넣어주세요.

1. 새송이버섯은 세로로 반을 잘라 손으로 잘게 찢으면 식감이 훨씬 좋습니다.

2. 팽이버섯은 밑동을 잘라내고 가닥가닥 나눠주세요.

3. 표고버섯은 대를 떼어내고 갓을 1cm 두께로 썰어주세요.

4. 청경채는 한 장씩 떼어내고, 숙주 1줌을 준비합니다.

5. 장식용으로 사용할 쪽파와 홍고추는 송송 썰어주세요.

6. 냄비에 생수를 붓고 쯔유를 넣어 팔팔 끓여주세요.

7. 소고기를 먼저 넣고 떠오르는 거품은 국자로 걷어냅니다.

8. 버섯과 청경채를 넣고 1분간 끓인 후 숙주를 넣고 1분 더 끓인 다음 소금과 후춧가루로 간을 맞추고 송송 썬 쪽파와 홍고추를 올립니다.

표고버섯탕수

두꺼운 튀김옷 대신 감자 전분을 표고버섯에 얇게 묻혀서 튀기면 고기 없이도 맛있는 탕수육을 먹을 수 있어요.
채식하는 분들에게 추천하는 메뉴입니다.

재료 표고버섯 6~7개
양파 1/4개
당근 1/6개
오이 1/4개
레몬 1/4개
목이버섯 2~3개
올리브오일 100ml
감자 전분 4큰술
물 200ml+1큰술
간장 3큰술
식초 5큰술
스테비아 1.5큰술

1

표고버섯은 대를 떼어내고 갓을 한입 크기로 2~4등분해주세요. 양파는 큼직하게 썰고, 당근은 0.2cm 두께로 얇게 반달썰기합니다.

2

오이는 0.5cm 두께로 통썰기하고, 레몬도 얇게 슬라이스합니다.

3

목이버섯은 사이사이에 낀 모래를 흐르는 물에 씻어내고 물기를 꼭 짜냅니다.

4

비닐팩에 감자 전분 3큰술과 표고버섯을 넣고 흔들어 골고루 전분을 묻혀주세요.

5

팬에 기름을 넉넉히 붓고 전분 묻힌 표고버섯을 3분간 튀긴 후 키친타월에 올려 기름기를 뺍니다.

6

냄비에 물, 간장, 식초, 스테비아를 넣고 끓기 시작하면 목이버섯, 당근, 레몬, 양파, 오이를 넣고 끓여주세요.

7

작은 그릇에 감자 전분 1큰술과 물 1큰술을 잘 섞어서 6의 소스에 조금씩 넣어가며 걸쭉하게 농도를 맞춥니다.

8

표고버섯 튀김에 탕수육 소스를 부어주세요.

PART 3

식이섬유가 풍부한

녹황색 채소

Green and Yellow vegetables

다이어트 식단에서 부족하기 쉬운 칼슘과 칼륨 등의 무기질이 많아요. 식이
섬유가 풍부해 포만감을 주고, 콜레스테롤 수치를 개선하는 데 좋으니 특히
고기를 먹을 때 꼭 곁들이세요.

토마토오이양파샐러드

상큼하고 새콤달콤한 샐러드에 통깨를 갈아 넣어 고소한 맛을 더했습니다.
빵에 올려 먹어도 맛있고, 닭가슴살이나 소고기 구이에 곁들여도 좋아요.

재료 토마토 1개
오이 1/3개
양파 1/4개
레몬 1/3개
올리브오일 1큰술
식초 1큰술
올리고당 2/3큰술
소금 2꼬집
통깨 1/2큰술

Tip 올리고당 대신 스테비아, 알룰로스,
꿀 등을 넣어도 됩니다.

일반 식초 대신 발사믹 식초나 레몬즙을
넣어도 됩니다.

토마토는 꼭지를 떼어내고 1.5×1.5cm 크기로 썰어주세요. 토마토 씨는 발라내도 되고 그냥 넣어도 좋아요.

오이는 문질러서 씻고 거친 가시를 필러로 벗겨낸 후 토마토와 같은 크기로 썰어주세요.

양파는 1cm 크기로 굵게 다지고 매운맛을 줄이기 위해 찬물에 한 번 헹군 다음 키친타월에 올려 물기를 뺍니다.

레몬은 반달 모양으로 얇게 슬라이스하고 쓴맛이 나는 씨는 빼냅니다.

큰 볼에 토마토, 오이, 양파, 레몬을 넣어주세요.

채소에 올리브오일, 식초, 올리고당, 소금을 넣고 버무려주세요.

통깨는 고소한 맛이 더하도록 빻아주세요.

샐러드에 깨를 뿌려서 한 번 더 버무려주세요.

로메인표고버섯샐러드

간단하고 가볍게 한 끼 먹고 싶을 때 만들어보세요.
몸속의 나쁜 콜레스테롤을 낮춰주어 혈관 건강에도 좋은 음식입니다.
고기처럼 쫄깃한 식감도 일품이에요.

재료 로메인 1포기
표고버섯 5개
샐러드용 체다 치즈 1큰술

소스 올리브오일 3큰술
발사믹 식초 1큰술
후춧가루 조금

표고버섯은 대를 떼어내고 갓을 1cm 두께로 도톰하게 썰어주세요.

로메인은 반으로 갈라서 흐르는 물에 충분히 씻은 후 물기를 뺍니다.

팬에 기름을 두르지 않고 약불에 표고버섯을 앞뒤로 노릇하게 구워주세요.

로메인을 4cm 길이로 먹기 좋게 썰어서 접시에 펼쳐주세요.

구워서 한 김 식힌 표고버섯을 로메인 위에 올립니다.

샐러드용 체다 치즈를 뿌려주세요.

Tip 표고버섯 대신 느타리버섯을 구워서 올려도 좋아요.

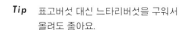

올리브오일, 발사믹 식초, 후춧가루를 섞어서 만든 소스를 뿌립니다.

설탕 없는 피클

스테비아는 혈당을 올리지 않고 칼로리가 없지만 단맛을 내는 설탕 대체제예요.
원래 피클은 설탕이 어마어마하게 많이 들어갑니다. 이제는 살찔 걱정 없는 피클을 만들어보세요.

재료 오이 3개
빨강 파프리카 1개
노랑 파프리카 1개
양파 1/2개

소스 생수 400ml
스테비아 200ml
식초 400ml
피클링 스파이스 1/2큰술
소금 1/3큰술

Tip 완전히 식으면 냉장 보관하고
하루 이상 숙성 후 꺼내 먹어요.

무, 고추, 당근 등 좋아하는 채소를
넣어보세요.

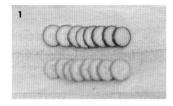

오이는 굵은 소금으로 문질러 가시를 제
거하며 씻은 후 1cm 두께로 통썰기해주
세요.

빨강·노랑 파프리카와 양파도 오이와 비
슷한 크기로 썰어주세요.

냄비에 유리병(뚜껑 없이)을 넣고 찬물을
부어서 3~5분간 끓입니다. 끓는 물에 유
리를 넣으면 깨지니 반드시 처음부터 넣
어야 합니다.

고무장갑을 끼고 유리병을 꺼내고 엎어서
물기 없이 바짝 말립니다.

냄비에 생수와 스테비아를 넣고 끓으면
식초, 피클링 스파이스, 소금을 넣고 한 번
더 끓으면 불을 끄고 5분간 식혀주세요.

유리병에 오이, 파프리카, 양파를 넣고 한
김 식힌 소스를 부어주세요.

데일리샐러드(밀프렙)

한 번 만들어놓으면 일주일 내내 든든한 샐러드 밀프렙이에요.
점심으로 샐러드를 자주 먹는 사람들에게 강력 추천합니다.

Diet
Recipe （18）

재료 양상추 1통
오이 1개
당근 1/4개
방울토마토 10개
달걀 5개
고구마 5개
캔옥수수 5큰술

키친타월 필수

Tip 삶은 달걀과 고구마는 완전히 식혀서 담아
주세요.

물기가 잘 생기는 채소는 밀프렙으로
적당하지 않아요.

고구마 대신 단호박을 쪄서 먹어도
좋아요.

1 양상추는 손으로 큼직하게 뜯어서 채소
탈수기에 넣고 물기를 완전히 빼줍니다.
손으로 뜯으면 칼로 썰었을 때보다 훨씬
덜 물러집니다.

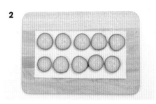

2 오이는 1cm 두께로 통썰기하고 키친타월
에 올려 물기를 빼줍니다.

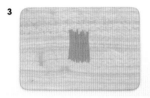

3 당근은 채칼로 가늘게 채 썰어주세요.

4 방울토마토는 꼭지를 떼어내고 씻어서 물
기를 뺍니다.

5 달걀은 취향에 따라 반숙 7분, 완숙 13분
이상 삶아주세요.

6 고구마는 찜기에 25분 찌거나 물을 넣고
삶아주세요.

7 용기 바닥에 키친타월을 깔고 모든 재료
를 올립니다.

8 키친타월을 한 장 더 덮어서 보관하세요.

오트밀배추전

달달한 알배추나 봄동으로 밀가루 없이 바삭하고 고소한 배추전을 만들어보세요.
아버지 고향에서 즐겨 드시던 지역 음식인 줄 알았는데, 많은 분들이 좋아하는 메뉴였어요.
비 오는 날, 또는 추운 겨울날 더욱 맛있습니다.

재료 오트밀 1컵(종이컵)
생수 120ml
달걀 1개
알배추 3~4장
올리브오일 2큰술

양념장 간장 2큰술
참기름 1작은술
깨 조금
쪽파 조금

Tip 양념장에 찍어 먹지 않는다면 반죽에
소금 2꼬집을 넣어 간을 맞춥니다.

1

오트밀에 생수, 달걀을 넣고 핸드믹서로
갈아주세요.

2

그릇에 반죽을 붓고 오트밀이 걸쭉하게
불어날 때까지 5분 정도 둡니다.

3

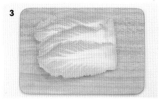

알배추는 1장씩 떼어내 두꺼운 줄기 부분
은 칼등으로 여러 번 두드려 편편하게 만
들어주세요.

4

팬에 올리브오일을 두르고 중불에 반죽을
입힌 알배추를 올려 부쳐주세요.

5

한 번 뒤집어서 앞뒤로 노릇하게 부칩니
다. 달걀이 익을 정도만 가볍게 부쳐도 좋
아요.

6

간장, 참기름, 깨, 송송 썬 쪽파를 섞어 양
념장을 만들고 알배추전을 찍어 먹어요.

라타투이

오븐이나 에어프라이어로 만드는 초간단 요리입니다.
프랑스 가정식으로 치즈를 빼면 채식 요리가 됩니다.
손님 초대 요리로도 근사하고, 통밀빵과 함께 먹으면 맛있어요.

재료 토마토 1개
애호박 1/3개
가지 1개
토마토소스 4큰술
올리브오일 조금
모차렐라 치즈 70g
파슬리 조금

Tip 굽는 기기에 따라 시간과 온도를 조절해 주세요.

2인분 이상 만들 경우 재료를 추가하여 사진과 같이 둥그렇게 둘러가며 모양을 잡아줍니다.

1

토마토는 0.3cm, 애호박과 가지는 0.5cm 두께로 통썰기해주세요.

2

오븐용 그릇에 토마토소스를 골고루 펴주세요.

3

애호박, 토마토, 가지 순으로 겹쳐서 둥그렇게 올려주세요.

4

수저나 요리용 브러시를 사용해 채소 윗면에 올리브오일을 발라주세요.

5

예열된 오븐에 180도로 25분 구워줍니다.

6

모차렐라 치즈와 파슬리를 올린 다음 190도로 올려 5~7분 더 구워줍니다.

애호박통구이

초간단 레시피로 정말 맛있는 애호박구이예요.
소금만 살짝 쳐서 먹으면 되는데, 주기적으로 생각나는 메뉴랍니다.

재료 애호박 1개
올리브오일 2큰술
소금 조금
후춧가루 조금
크러쉬드 레드페퍼 조금

1

애호박은 꼭지를 떼지 않고 흐르는 물에
씻어줍니다.

2

씻은 애호박을 세로로 길게 2등분한 후
한 번 더 2등분해서 4조각으로 만들어주
세요.

3

중불로 충분히 예열한 팬에 올리브오일을
둘러주세요.

4

애호박을 올려서 1분간 구워주세요.

5

애호박 겉면이 노릇해지면 뒤집어서 다른
면을 1분 더 구워주세요.

6

모든 면을 노릇하게 굽고 나서 소금과 후
춧가루를 뿌려주세요.

Tip 소금과 후춧가루를 마지막에 뿌려야
겉은 바삭하고 물기가 생기지 않아요.

7

크러쉬드 레드페퍼를 올려주세요.

공심채볶음

공심채(모닝글로리)는 동남아시아와 중국에서 즐겨 먹는 채소인데, 우리나라에서도 쉽게 구할 수 있답니다.
줄기 부분이 텅 비어 있어 아삭하게 씹는 맛이 좋고,
풍부한 폴리페놀 성분으로 다이어트와 항산화 작용에도 좋은 공심채를 간편하게 볶아보세요.

재료 공심채 200g
마늘 5개
올리브오일 3큰술
베트남 고추 3개
굴소스 1/2큰술
액젓 1큰술
올리고당 1/2큰술
땅콩 가루 1작은술

Tip 물기 없이 아삭하게 볶는 것이
핵심이에요. 불 조절과 볶는 시간을
잘 지켜주세요.

닭가슴살이나 소고기를 함께 볶으면
든든한 한 끼 식사가 됩니다.

1

공심채를 흐르는 물에 충분히 씻어서
6~7cm 길이로 썰고, 굵은 줄기와 여린
잎 부분을 나눠주세요.

2

통마늘은 0.2cm 두께로 얇게 편 썰어주
세요.

3

팬에 올리브오일을 두르고 약불에 베트남
고추, 편 썬 마늘을 볶아 마늘기름을 내주
세요.

4

공심채의 굵은 줄기부터 넣고 센 불로 올
려 1분간 빠르게 볶아주세요.

5

굴소스, 액젓, 올리고당, 공심채 여린 잎을
넣고 30초간 더 볶아주세요.

6

땅콩 가루를 뿌립니다.

콜리플라워김치볶음밥(밀프렙)

새하얀 콜리플라워는 브로콜리와 비슷한 모양에 비타민C와 식이섬유가 풍부합니다.
잘게 다지면 식감이 밥과 비슷하니 밥양을 줄이고 싶을 때 활용하기 좋아요.

재료 콜리플라워 1송이
다진 김치 1.5컵(종이컵)
밥 500g
닭가슴살 소시지 3개
고춧가루 1/2큰술(선택)
올리브오일 2큰술
참기름 1큰술
식초 조금

콜리플라워는 4~5cm 크기로 썰어서 식초 섞은 물에 10분 정도 담가두었다 흐르는 물에 씻어주세요.

채소 다지기에 콜리플라워를 넣고 밥알 크기로 다집니다.

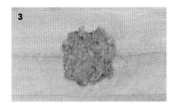

다진 김치는 국물을 꼭 짜주세요.

닭가슴살 소시지는 얇게 통썰기해주세요.

Tip 완전히 식었을 때 뚜껑을 닫아야 고슬고슬한 볶음밥을 먹을 수 있어요.

냉동 보관하면 2주일까지 맛있게 먹을 수 있어요.

현미밥, 귀리밥, 곤약밥 등 식이섬유가 더 풍부하고 칼로리가 적은 밥을 사용하면 더 좋아요.

각자의 식사량에 맞춰 나눕니다. 조금 부족할 때는 샐러드나 채소 스틱과 함께 먹으면 충분할 거예요.

자투리 채소를 활용해도 됩니다. 다만 가지와 팽이버섯 등 냉동과 해동 과정에서 물러지는 채소는 사용하지 않는 것이 좋아요.

팬에 올리브오일을 두르고 콜리플라워의 수분을 날리는 정도로 2~3분간 볶아주세요.

다진 김치와 닭가슴살 소시지를 넣고 볶다가 고춧가루(선택)를 넣어 물기를 없앱니다.

밥을 넣고 잘 섞은 후 센 불로 올려 30초간 더 볶아주세요.

불을 끄고 참기름을 두른 후 전자레인지 용기에 나눠 담습니다.

PART 4

나트륨 배출에 좋은

고구마&단호박

Sweet potato & Sweet pumpkin

사계절이 뚜렷한 우리나라에서 재배되는 구황작물은 특히 영양가가 많고 맛이 좋습니다. 고구마와 단호박은 탄수화물 공급원으로 알려져 있지만 식이섬유와 칼륨이 풍부해 다이어트하면서 따라 오는 변비에 좋고 붓기와 나트륨 배출에도 도움이 됩니다.

떠먹는 고구마피자

피자가 당기는 날 전자레인지로 간단하게 만들어 먹어보세요.
탄수화물, 단백질, 지방을 한 그릇에 담아 영양도 좋고 맛도 좋아요.

재료 삶은 고구마 100g
닭가슴살 소시지 1개
양파 1/4개
토마토소스 3큰술
모차렐라 치즈 70g
올리브오일 1큰술
파슬리 조금

Tip 에어프라이어나 오븐을 사용할 경우에
는 예열 후 180도에 10분간 구워줍니다.

버섯이나 자투리 채소를 볶아서
토핑으로 올려도 좋아요.

1

삶은 고구마는 껍질을 벗기고 전자레인지용
이나 오븐용 그릇에 으깨듯이 펼쳐주세요.

2

닭가슴살 소시지는 0.5cm 두께로 통썰기하
고, 양파는 0.5cm 두께로 채 썰어주세요.

3

팬에 올리브오일을 두르고 중불에 닭가슴
살 소시지와 채 썬 양파를 2분간 볶아주
세요.

4

고구마 위에 볶은 양파와 닭가슴살 소시지
를 올리고 토마토소스와 모차렐라 치즈를
차례로 덮어주세요.

5

전자레인지에 2~3분 구워줍니다.

6

파슬리를 뿌려주세요.

설탕 없는 고구마맛탕

달달한 간식으로 고구마맛탕 너무 맛있죠. 하지만 기름에 튀기고 녹인 설탕에 버무려 다이어트에는 좋지 않아요.
간단하면서도 맛있고 다이어트에도 좋은 맛탕 레시피를 알려드릴게요.

재료 고구마 200g
견과류 1줌
올리브오일 2큰술
알룰로스 3큰술
검은깨 1작은술

Tip 기기에 따라 굽는 시간을 조절해주세요.

취향에 맞춰 시나몬 가루를 뿌려도
맛있어요.

1
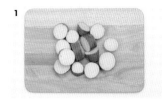
고구마는 깨끗이 씻어서 2cm 두께를 넘
지 않도록 한입 크기로 썰어주세요.

2

찬물에 고구마를 담가 전분기를 빼주세요.

3
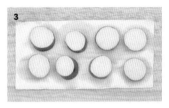
고구마를 체에 받쳐 1차로 물기를 뺀 후 키
친타월에 올려 물기를 완전히 뺍니다.

4

큰 볼이나 비닐에 고구마와 올리브오일을
넣고 골고루 버무려주세요.

5

예열된 에어프라이어에 고구마를 넣고
180도에 12분간 구워주세요.

6

고구마를 한 번 뒤집어 4분 더 구워주세요.

7

구운 고구마를 그릇에 담고 잘게 부순 견
과류와 알룰로스를 넣고 버무립니다.

8

접시에 고구마맛탕을 담고 검은깨를 뿌립
니다.

고구마가지말이

살짝 구운 가지에 달달한 고구마와 햄, 채소를 말아서 한입에 쏙 넣으면 여러 가지 조화로운 맛을 느낄 수 있어요.
눈으로 보기에도 예뻐서 손님 초대나 도시락 메뉴로도 아주 좋아요.

재료 고구마 1개(120g)
가지 1개
빨강 파프리카 1/3개
노랑 파프리카 1/3개
슬라이스 햄 3~4장
무순 조금
소금 3꼬집
올리브오일 1큰술
통깨 조금

소스 간장 3큰술
연겨자 1/2작은술

Tip 햄 대신 베이컨을 넣어도 됩니다.

고구마는 삶아서 껍질을 벗기고 으깹니다.

가지는 0.3cm 두께로 길게 썰어주세요.
슬라이서를 사용하면 편해요.

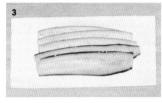

키친타월에 가지를 올리고 소금을 뿌린
후 5분간 재워둡니다. 겉에 송글송글 물
기가 배어 나오면 키친타월을 살짝 눌러
닦아냅니다.

빨강 · 노랑 파프리카는 0.3cm 두께로 채
썰고, 무순도 씻어서 물기를 빼줍니다.

슬라이스 햄은 반으로 썰어주세요.

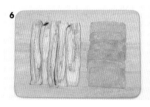

팬에 올리브오일을 둘러서 가지를 앞뒤로
살짝 구워 한 김 식히고, 슬라이스 햄도
살짝 구워주세요.

구운 가지를 펼쳐서 슬라이스 햄, 으깬 고
구마 1큰술, 채 썬 파프리카, 무순을 올리
고 돌돌 말아주세요.

통깨를 뿌리고, 간장과 연겨자를 섞은 소
스에 찍어 먹어요.

단호박오트밀수프(밀프렙)

베타카로틴이 풍부해 눈 건강은 물론 부종에도 효과 있는 단호박은 늙은 호박보다 단맛이 더 좋아요.
일주일 분량을 만들어두고 아침에 간편하게 데워 먹기만 하면 됩니다.
버터와 우유, 생크림을 넣지 않고 집에 있는 재료로 간단하게 만들어보세요.

재료 단호박 400g
두유 600ml
생수 400ml
양파 1/2개
슬라이스 치즈 2장
오트밀 30g
스테비아 1작은술
소금 2꼬집
파슬리 조금

양파는 1cm 두께로 채 썰어주세요.

단호박은 껍질을 벗기고 씨는 숟가락으로 파냅니다. 손질된 단호박을 사면 편리합니다.

깊이가 있는 팬에 양파를 넣고 약불에 2분 정도 볶아주세요.

양파가 투명해질 정도로 익으면 단호박과 생수를 넣고 뚜껑을 덮어 7분간 끓여주세요.

믹서에 4를 한꺼번에 넣고 곱게 갈아주세요. 핸드블렌더를 사용하면 편리합니다.

간 재료를 냄비에 붓고 두유, 스테비아, 소금을 넣어 중불에 저어가며 끓여주세요.

수프가 걸쭉해지면 슬라이스 치즈 2장, 오트밀을 넣고 3분간 더 끓입니다.

수프를 그릇에 담고 파슬리를 살짝 뿌립니다.

단호박훈제오리찜

달콤한 단호박 속에 단백질 가득한 오리고기를 넣었어요.
좋아하는 채소와 오리고기만 있으면 쉽게 만들 수 있고, 보기에도 근사해서 저녁 손님상에 올려도 손색없어요.

재료 단호박 1개(주먹 2개 크기)
훈제오리 300g
빨강 파프리카 1/4개
노랑 파프리카 1/4개
양파 1/3개
마늘 5개
모차렐라 치즈 50g
굴소스 1큰술
후춧가루 조금
파슬리 조금

Tip 홀그레인 머스터드 소스에 찍어 먹어도
좋아요.

단호박은 익히지 않은 상태에서는
매우 단단해서 칼질이 위험할 수 있으니
반드시 전자레인지에 5분간 구워서
뚜껑을 도려냅니다.

기기에 따라 굽는 시간을 조절합니다.
단호박이 부드럽게 칼로 썰어질 정도로
익혀주세요.

단호박은 껍질째 먹어야 하니 깨끗이
씻어주세요.

1 훈제오리는 끓는 물에 30초간 데쳐 기름
기를 뺀 후 헹구지 않고 체에 받쳐주세요.

2 양파와 빨강·노랑 파프리카는 한입 크기
로 썰고, 마늘은 얇게 편 썰어주세요.

3 단호박은 씻어서 전자레인지에 5분간 돌
리고 한 김 식혀주세요.

4 단호박 윗부분을 뚜껑 모양으로 도려내고
숟가락으로 씨를 깨끗이 파냅니다.

5 팬에 훈제오리, 편 썬 마늘, 양파를 1분간
볶다가 굴소스, 후춧가루, 파프리카를 넣
고 1분간 더 볶아주세요.

6 단호박 속을 볶은 재료로 90% 정도 채우
고, 나머지는 모차렐라 치즈로 채웁니다.

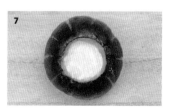

7 전자레인지는 9~10분, 오븐과 에어프라
이어는 180도에 15~17분간 구워줍니다.

8 구운 단호박을 먹기 좋은 크기로 썰고 파
슬리를 뿌립니다.

고구마&단호박

PART 5

속이 편한 식물성 단백질

두부

Tofu

'밭에서 나는 소고기'라고 할 정도로 식물성 단백질이 풍부한 콩으로 만든
두부는 호불호가 없고 누구나 좋아하는 다이어트 식재료입니다. 100g당
80kcal로 한 끼에 150g 정도 먹어도 부담 없어요. 채식 식단에서도 단백질 재
료로 빠질 수 없어요.

알배추두부말이

들기름에 구운 두부를 달달한 알배추에 돌돌 말아서 먹어보세요.
포만감이 오래가는 든든한 메뉴입니다.

재료 두부 100g
　　　알배추 6장
　　　올리브오일 1작은술

양념장 쪽파 2대
　　　간장 1큰술
　　　깨 조금
　　　홍고추 조금
　　　참기름 1/2큰술

Tip 두부를 굽지 않고 사용해도 됩니다.

　　　알배추 대신 양배추에 싸서 먹어도 맛있
　　　어요.

1

두부는 손가락 굵기와 길이로 도톰하게
썰어주세요.

2

두부를 키친타월에 올려 물기를 뺍니다.

3

팬에 올리브오일을 두르고 중불에 두부를
올려서 모든 면이 노릇노릇하게 수분이
날아갈 정도로 3~4분 구워주세요.

4

알배추는 끓는 물에 30초간 데친 후 찬물
에 헹궈 물기를 꼭 짜주세요.

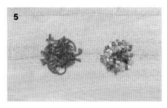

5

홍고추는 반으로 갈라 씨를 제거하고 쪽파
와 함께 0.3cm 길이로 송송 썰어주세요.

6

간장, 깨, 참기름, 송송 썬 쪽파, 홍고추를
섞어 양념장을 만들어주세요.

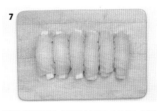

7

데친 알배추를 펼쳐서 구운 두부를 올리
고 돌돌 말아주세요.

8

양배추두부말이를 접시에 나란히 놓고 양
념장을 올립니다.

두부에그인헬

'지옥에 빠진 달걀'이라는 뜻의 에그인헬은 샥슈카라고 부르기도 해요.
시판용 소스의 양을 줄이고 생토마토를 넣으면 부담 없이 먹을 수 있어요.
원래 바삭하게 구운 통밀빵에 올려 먹는데, 빵 대신 두부를 넣어 포만감을 줍니다.

재료 두부 100g

방울토마토 5개

양파 1/2개

닭가슴살 소시지 1개

모차렐라 치즈 3큰술

시판 토마토소스 4큰술

생수 4큰술

올리브오일 1큰술

후춧가루 조금

파슬리 조금

Tip 모차렐라 치즈 대신 슬라이스 치즈를 넣어도 됩니다.

카레 가루를 아주 조금 뿌려도 별미예요.

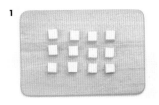

두부는 2×2cm 정사각형으로 썰어주세요.

방울토마토는 반으로 썰고, 양파는 1cm 크기로 굵게 다져요.

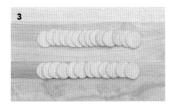

닭가슴살 소시지는 0.3cm 두께로 얇게 썰어주세요.

팬에 올리브오일을 두르고 중불에 다진 양파와 방울토마토를 1분 정도 볶아주세요.

닭가슴살 소시지, 토마토소스, 생수를 넣고 잘 섞어주세요.

보글보글 끓으면 두부를 넣고 후춧가루를 뿌린 후 1분간 센 불에 졸여주세요.

약불로 낮추고 모차렐라 치즈를 뿌린 후 한가운데 달걀을 깨뜨려 올려주세요.

뚜껑을 덮어서 달걀을 익힌 후 파슬리를 뿌립니다. 반숙은 1분, 완숙은 2분이에요.

롤유부두부초밥

밥 대신 으깬 두부로 속을 채운 유부초밥은 이미 다이어트 요리로 유명하죠.
여기에서는 훨씬 간단하고 시간도 절약되는 레시피를 알려드립니다.

재료 롤유부 6장
두부 1/2모(150g)
쪽파 6대

소스 간장 2큰술
연겨자 조금

1
두부는 길이 그대로 엄지손가락 굵기로 6등분해주세요.

2
두부를 키친타월에 올려 물기를 최대한 뺍니다.

3
쪽파 흰 부분은 0.3cm 두께로 송송 썰어 주세요.

4
쪽파 푸른 부분은 끓는 물에 10초간 데친 후 찬물에 담가주세요.

5
데친 쪽파를 건져서 물기를 꼭 짜냅니다.

6
롤유부에 물기를 뺀 두부를 올리고 돌돌 말아주세요.

Tip 두부는 구워서 사용해도 됩니다.

찌개용 두부보다 단단한 구이용 두부를 사용해야 으깨지지 않고 모양이 제대로 잡힙니다.

7
데친 쪽파로 롤유부두부초밥 가운데를 감 싸서 고정해주세요.

8
송송 썬 쪽파를 솔솔 뿌리고, 간장과 연겨 자를 섞어서 만든 소스를 곁들입니다.

순두부찌개오트밀덮밥

부들부들하고 따뜻한 순두부는 누구나 좋아하죠.
오트밀을 밑에 깔고 순두부찌개를 올려 국밥처럼 먹어보세요.
밥보다 적은 양으로 식이섬유도 채우고 단백질까지 섭취할 수 있어요.

재료 냉동새우 10마리
순두부 200g
달걀 1개
대파 흰 부분 1/3대
애호박 1/5개
오트밀 30g
생수 300ml
올리브오일 1큰술
고춧가루 1큰술
액젓 1큰술
올리고당 1작은술
다진 마늘 1작은술
후춧가루 조금

Tip 바지락이나 다진 돼지고기를 넣어도
맛있습니다.

3번 과정에서 양념이 타지 않도록
주의합니다.

1

오트밀에 생수 100ml를 부어 5분간 불린
후 전자레인지에 1분 30초 돌려주세요.

2

애호박은 1×1cm 크기로 깍둑썰기, 대파
흰 부분은 0.2cm 두께로 송송 썰어주세요.

3

냄비에 올리브오일을 두르고 약불에 고춧
가루, 올리고당, 다진 마늘을 볶아 고추기
름을 만들어주세요.

4

새우와 애호박을 넣고 섞어가며 볶은 후
생수 200ml를 붓고 3분간 끓입니다.

5

순두부를 넣어 큼직하게 숟가락으로 가르
고 액젓과 후춧가루로 간을 합니다. 모자
란 간은 소금으로 맞춰주세요.

6

달걀을 깨뜨려 넣고 취향에 따라 반숙 혹
은 완숙으로 익힙니다.

7

1의 오트밀밥에 순두부찌개를 올린 다음
송송 썬 파를 올립니다.

달래간장두부비빔밥

봄이 되면 생각나는 채소 중에 하나가 쌉싸름한 달래예요.
달래간장에 슥슥 비벼 김에 싸 먹으면 정말 맛있죠.
고소한 두부를 구워 함께 곁들이면 단백질도 챙길 수 있으니 일석이조입니다.

재료 달래 8~10대
두부 100g
현미밥 150g
올리브오일 1큰술

양념장 간장 2/3큰술
참기름 1/2큰술
깨 1작은술
고춧가루 1작은술

Tip 구운 생김을 싸 먹으면 정말 맛있어요.

두부는 굽지 않고 물기만 잘 빼서 그냥
올려도 좋아요.

양념장은 한 번에 다 넣지 말고 조금씩
넣어가면서 조절하세요.

1

두부는 1.5×1.5cm 크기로 깍둑썰기해서
키친타월에 올려 물기를 뺍니다.

2

달래는 뿌리의 흙을 깨끗이 씻어내고
1cm 길이로 송송 썰어주세요.

3

팬에 올리브오일을 두르고 중불에 두부
의 모든 면이 노릇노릇하게 3~4분 구워
주세요.

4

송송 썬 달래, 간장, 참기름, 깨, 고춧가루
를 섞어 양념장을 만들어주세요.

5

현미밥에 구운 두부를 올리고 양념장을
뿌립니다.

청경채두부구이

중국 배추의 한 종류인 청경채는 비타민과 식이섬유가 풍부한 채소예요.
흔히 샤부샤부에 넣어 먹는데, 그것 말고도 정말 다양한 레시피가 있답니다.
올리브오일에 살짝 구우면 상큼하면서도 달달한 맛이 정말 좋아요.

재료 두부 100g
청경채 3~4포기
올리브오일 3큰술

양념장 청·홍고추 1/2개씩
쪽파 1대
간장 1큰술
굴소스 1/2큰술
생수 2큰술
식초 1큰술
깨 조금

Tip 청경채는 살짝 덜 익었나 싶을 때 꺼내야
아삭하고 물기가 생기지 않아요.

1

두부는 2×2cm 크기로 깍둑썰기해서 키
친타월에 올리고 물기를 제거합니다.

2

청경채는 반으로 썰어주세요.

3

팬에 올리브오일을 두르고 중불에 두부를
모든 면이 노릇노릇하게 구워주세요.

4

두부가 다 구워질 때쯤 청경채 자른 단면
이 팬에 닿도록 올리고 센 불에 30초만
구워주세요.

5

청·홍고추, 쪽파는 송송 썰고, 간장, 굴
소스, 생수, 식초, 깨를 섞어서 양념장을
만들어주세요.

6

접시에 구운 두부와 청경채를 올리고 소
스를 뿌립니다.

구운두부샐러드&간장마늘드레싱

고소한 두부를 통으로 구웠어요. 에어프라이어나 오븐이 있다면 꼭 만들어보세요.
어린잎채소, 두부, 마늘 소스가 정말 잘 어우러지는 메뉴입니다.

재료 두부 1모 300g
어린잎채소 50g
올리브오일 1큰술

드레싱 다진 마늘 1작은술
홍고추 1/2개
생수 3큰술
간장 2큰술
스테비아 1/2작은술
식초 1작은술
깨 1/3큰술

Tip 3번 과정에서 오일 스프레이를 뿌리면 간편해요.

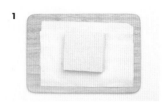

1

키친타월을 3~4장 겹쳐서 두부를 통째로 올려 물기를 빼주세요.

2

두부에 가로세로 1.5cm 간격으로 칼집을 넣는데, 아랫면은 붙어 있도록 2/3 정도만 자릅니다.

3

칼집을 넣은 두부 사이사이에 올리브오일을 발라주세요.

4

예열된 에어프라이어에 190도로 15~20분간 구워주세요.

5

어린잎채소는 씻어서 물기를 최대한 뺍니다. 채소 탈수기를 사용하면 간편해요.

6

소스에 들어갈 홍고추는 반을 잘라 씨를 빼내고 잘게 다집니다.

7

다진 마늘, 생수, 간장, 스테비아, 식초, 깨, 홍고추를 섞어서 드레싱을 만들어주세요.

8

접시에 구운 두부를 올리고 주위에 어린잎채소를 두른 다음 드레싱을 부어주세요.

마파두부

두부와 돼지고기로 단백질 가득한 한 그릇 요리 마파두부를 만들어보세요.
중국 쓰촨 요리에 많이 쓰이는 두반장은 우리나라의 된장이나 고추장처럼 여러 요리에 다양하게 쓰입니다.

재료 밥 100g
두부 100g
다진 돼지고기 100g
쪽파 3대
양파 1/4개
후춧가루 조금
다진 마늘 1작은술
두반장 1큰술
굴소스 1/2큰술
스테비아 1/2작은술
생수 50ml

1

두부를 1×1cm 크기로 깍둑썰기합니다.

2

다진 돼지고기에 다진 마늘과 후춧가루를
버무려서 밑간하고 10분간 재워둡니다.

3

쪽파는 0.3cm 두께로 송송 썰어주세요.

4

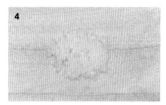

양파는 0.5cm 두께로 채 썰어서 잘게 다
집니다.

5

팬에 다진 양파와 돼지고기를 넣고 약불
에 3분 정도 충분히 볶아주세요.

6

생수, 두반장, 굴소스, 스테비아, 두부를
넣고 센 불로 올려 1분간 졸여주세요.

Tip 전분물(전분:물 1:1)을 넣어 걸쭉하게
만들어도 좋아요.

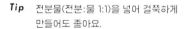

7

접시에 밥과 마파두부를 절반씩 담고 가
운데 송송 썬 쪽파를 쭉 올립니다.

두부

PART 6

어느 요리에나 활용 가능한 단백질 식재료

해산물

Seafood

해산물은 냉동 보관하기 좋아서 늘 쟁여두는 다이어트 식재료입니다. 특히 누구나 좋아하는 새우는 크기나 종류에 따라 식감이 다양해서 여러 가지 요리에 사용할 수 있어요. 매일 닭가슴살만 먹기 지겨울 때 해산물로 단백질을 보충해보세요.

새우콥샐러드

알록달록 무지개 같은 콥샐러드는 셰프가 주방에 남은 자투리 채소로 만든 것에서 유래했다고 합니다.
여러 가지 좋아하는 채소를 넣어서 나만의 콥샐러드를 만들어보세요.

재료 손질 새우(큰 것) 7~8마리
달걀 2개
방울토마토 5개
양상추 2줌
당근 1/5개
오이 1/3개
캔옥수수 2큰술
크러쉬드 레드페퍼 조금(선택)

소스 올리브오일 2큰술
발사믹 식초 1큰술

Tip 달걀을 삶을 때 식초를 2큰술 넣으면
껍질이 잘 벗겨집니다.

새우는 끓는 물에 4분간 데친 후 키친타
월에 올려 물기를 제거합니다.

달걀은 끓는 물에 넣어 12분간 완숙으로
삶고 식혀서 1cm 두께로 썰어주세요.

방울토마토는 꼭지를 떼어내고 한입 크기
로 4~6등분해주세요.

양상추는 칼로 썰지 않고 손으로 먹기 좋게
뜯어서 찬물에 헹구고 물기를 빼주세요.

당근은 0.3cm 두께로 곱게 채 썰고 오이
는 방울토마토와 같은 크기로 썰어주세요.

볼에 양상추를 깔아주세요.

준비한 재료를 세로로 담아주세요. 방울
토마토, 당근, 달걀, 옥수수, 새우, 오이 순
으로 담으면 무지개색이 됩니다.

달걀 위에 크러쉬드 레드페퍼(선택)를 뿌
리고 올리브오일과 발사믹 식초를 섞어서
곁들입니다.

스프링롤 도시락

싱싱한 채소와 고기를 넣어 한입 가득 베어 물면 다이어트 메뉴가 맞나 싶을 정도로 맛있어요.
평소에도 월남쌈을 즐겨 먹는데, 깻잎으로 싸면 라이스페이퍼가 찢어지지 않아 도시락으로 좋아요.

재료 훈제오리 100g
새우 8마리
아보카도 1/2개
양파 1/2개
키위 1개(또는 파인애플 1/2컵)
어린잎채소 50g
노랑 파프리카 1/2개
깻잎 8~10장
라이스페이퍼 8~10장

소스 칠리 소스 조금

Tip ▸ 도시락에 담을 때는 깻잎으로 감싸주세요.

＊ 소스는 따로 담아도 되고 스프링롤 속에
넣고 말아도 됩니다.

＊ 채소 탈수기를 사용해 어린잎채소의
물기를 최대한 빼주세요.

＊ 아보카도는 껍질에 검은빛이 돌고
말캉하게 후숙된 것을 사용합니다.

＊ 양파는 썰어서 찬물에 5분 정도
담가두면 매운맛이 빠집니다.

1

끓는 물에 새우를 넣고 3분간 삶아주세요. 꼬리의 껍질까지 벗겨냅니다.

2

끓는 물에 훈제오리를 넣고 30초간 데칩니다.

3

새우와 오리를 키친타월에 올려 기름기와 물기를 뺍니다.

4

양파는 0.1cm 두께로 최대한 얇게 썰어주세요. 슬라이서를 사용하면 편해요.

5

아보카도는 도톰하게 썰고, 노랑 파프리카는 0.5cm 두께로 길게 채 썰어주세요.

6

깻잎은 꼭지를 떼어내고 어린잎채소와 함께 씻어서 물기를 탈탈 털어주세요.

7

키위는 0.3cm 두께로 통썰기합니다.(파인애플을 넣으려면 아보카도와 비슷한 크기로 썰어주세요.)

8

따뜻한 물에 라이스페이퍼를 담갔다 꺼내서 펼치고 준비한 재료를 올려서 말아주세요. 칠리 소스에 찍어 먹어요.

흑임자새우샐러드

검은콩, 검은깨, 검은쌀 등 블랙푸드가 몸에 좋다는 것은 많이 알려져 있죠.
안토시아닌이 풍부해 눈 건강은 물론 필수아미노산과 단백질도 충분해
머리카락 건강에도 좋은 검은깨로 드레싱을 만들었어요. 아삭한 연근과 궁합이 정말 좋아요.

재료 브로콜리 1/4송이
냉동새우(큰 것) 10마리
연근 4~5cm
식초 2큰술(채소 씻기용)
소금 2/3작은술(채소 삶기용)

드레싱 저칼로리 마요네즈 2큰술
그릭요거트 1큰술
레몬즙 1큰술
스테비아 1/2작은술
검은깨 1/2큰술
후춧가루 조금
소금 3꼬집

Tip 깨는 갈아서 먹으면 몸에 흡수가
더 잘됩니다. 보통은 깔끔하게 통깨를
뿌리지만 드레싱에는 갈아서 넣어야
고소합니다.

1

브로콜리는 한입 크기로 썰어서 식초물에
담가 씻어주세요.

2

냉동새우는 찬물에 담가 해동한 후 끓는
물에 5분간 데쳐서 식혀둡니다.

3

연근은 껍질을 벗겨내고 0.2cm 두께로
아주 얇게 썰어서 갈변 방지를 위해 식초
1큰술을 섞은 물에 담가둡니다.

4

브로콜리는 끓는 물에 소금 1/3작은술을
넣고 1분간 데친 후 찬물로 헹구고 물기를
탈탈 털어서 키친타월에 올려 물기를 완
전히 빼줍니다.

5

연근도 끓는 물에 소금 1/3작은술을 넣고
1분간 데친 후 물기를 털어냅니다.

6

저칼로리 마요네즈, 그릭요거트, 레몬즙,
스테비아, 후춧가루, 소금을 섞어 드레싱
을 만들어주세요.

7

미니 절구나 손으로 검은깨를 갈아서 소
스에 넣어주세요.

8

볼에 데친 새우, 브로콜리, 연근을 담고 검
은깨 드레싱을 골고루 버무립니다.

새우볶음밥(밀프렙)

자주 먹어도 질리지 않는 새우로 볶음밥을 만들어보세요. 액젓으로 간을 해서 이국적인 맛이 나고,
취향에 따라 고수를 추가해도 정말 맛있어요.

Diet Recipe 40

재료 밥 400g
냉동새우 300g
달걀 2개
부추 50g
새송이버섯 1개
당근 1/3개
양파 1개
올리브오일 3큰술
후춧가루 조금
액젓 2큰술

Tip
완전히 식었을 때 뚜껑을 닫아야
고슬고슬한 볶음밥을 먹을 수 있어요.

냉동 보관하면 2주일까지 맛있게
먹을 수 있어요.

현미밥, 귀리밥, 곤약밥 등 식이섬유가
더 풍부하고 칼로리가 적은 밥을
사용하면 더 좋아요.

각자의 식사량에 맞춰 나눕니다. 조금
부족할 때는 샐러드나 채소 스틱과 함께
먹으면 충분할 거예요.

자투리 채소를 활용해도 됩니다.
다만 가지와 팽이버섯 등 냉동과
해동 과정에서 물러지는 채소는
사용하지 않는 것이 좋아요.

1 냉동새우는 찬물에 담가 해동한 후 체에 받쳐 물기를 빼줍니다.

2 달걀을 풀어 스크램블을 만들고 따로 덜어두세요.

3 부추는 1cm 길이로 썰어주세요.

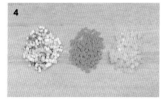

4 새송이버섯, 당근, 양파는 0.5cm 굵기로 잘게 다집니다.

5 팬에 올리브오일을 두르고 새우, 다진 양파, 버섯, 당근을 볶아주세요.

6 새우가 익으면 밥과 스크램블, 부추를 넣고 잘 섞어주세요.

7 후춧가루와 액젓을 넣고 센 불로 올려 1분만 더 볶아주세요.

8 전자레인지용 그릇에 소분합니다.

감태연어말이

입에서 살살 녹는 감태에 연어와 밥을 고깔 모양으로 싸보세요.
<타임>지가 선정한 10대 슈퍼푸드 중 하나인 연어는 단백질은 물론 오메가3가 풍부합니다.

재료 연어 횟감 150g
　　　밥 100g
　　　무순 20g
　　　오이 1/2개
　　　전장 감태 3장

소스 저칼로리 마요네즈 1큰술
　　　간장 1큰술
　　　고추냉이 1/3작은술

Tip • 재료가 모서리 밖으로 살짝 나오면
　　　말았을 때 더 예뻐요.

　　 • 감태를 처음 접하는 분께는 생감태보다
　　　구운 감태를 추천합니다.

1 연어는 키친타월에 올려 물기를 빼고 6~7cm 길이, 엄지손가락 두께로 썰어주세요.

2 오이는 0.2cm 두께로 어슷썰기한 후 가늘게 채 썰어주세요.

3 무순도 흐르는 물에 씻어 물기를 뺍니다.

4 김밥김 모양의 감태를 반으로 나눠 직사각형을 만들어주세요.

5 밥은 1숟가락씩 덜어 손으로 꼭 쥐고 초밥 모양으로 만들어주세요.

6 도마에 감태를 가로로 놓고 오른쪽 위 모서리에 대각선으로 밥-연어-오이-무순 순으로 올립니다.

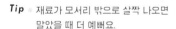

7 고깔 모양으로 돌돌 말아주세요.

8 저칼로리 마요네즈, 간장, 고추냉이를 섞어서 소스를 만들어 곁들이세요.

연어리스샐러드

특별한 날 크리스마스에 어울리는 예쁜 리스 샐러드를 만들어보세요.
정말 간단하면서 근사한 상차림이 될 거예요.

재료 훈제연어 100g
어린잎채소 50g
청포도 5개
방울토마토 3개
보코치니 치즈 100g

소스 오리엔탈 드레싱 3큰술

1

어린잎채소는 흐르는 물에 여러 번 씻어
채소 탈수기에 넣고 물기를 완전히 빼줍
니다.

2

청포도와 방울토마토는 씻어서 물기를 닦
고, 방울토마토는 반으로 잘라주세요.

3

큰 접시 가운데 밥공기를 엎어두고 주변
에 어린잎채소를 빙 둘러 리스 모양을 만
들어주세요.

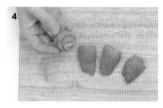

4

훈제연어를 돌돌 말아 장미 모양을 만들
어주세요.

5

청포도, 방울토마토, 훈제연어, 보코치니
치즈를 올립니다.

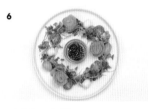

6

오리엔탈 드레싱을 소스 그릇에 담아 가
운데 놓아주세요.

구운연어비빔밥

뇌 건강에 좋은 불포화지방산인 DHA와 오메가3, 단백질이 풍부한 연어는
회로 먹어도 좋지만 구워 먹어도 폭신하고 담백한 맛이 최고랍니다.

재료 연어 100g
밥 150g
김가루 1큰술
달걀 1개
쪽파 2대
무순 조금
올리브오일 2큰술

소스 간장 조금
고추냉이 조금

달걀을 잘 풀어 얇게 지단을 부친 후 완전히 식혀서 0.2cm 두께로 가늘게 채 썰어주세요.

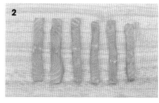

연어는 키친타월로 미끌거리는 것을 닦아낸 후 1cm 두께로 썰어주세요. 냉동연어는 잘 부서지니 길쭉하게 썰어주세요.

무순을 가볍게 씻어서 물기를 털어냅니다.

팬에 올리브오일을 두르고 연어를 구워주세요. 냉동연어는 속까지 완전히 익힙니다.

밥 위에 구운 연어와 김가루, 달걀지단을 올려주세요.

0.5cm 길이로 썬 쪽파와 무순을 올립니다.

Tip  달걀은 스크램블해서 올리면 더 간편해요.

고추냉이와 간장을 섞은 소스를 뿌려서 드세요.

명란깻잎쌈밥

단백질과 비타민E가 풍부한 명란을 구워 향긋한 깻잎에 말았어요.
한입에 쏙 들어가는 크기의 명란깻잎쌈밥은 도시락 메뉴로 추천합니다.

재료　저염명란 1개
　　　　밥 100g
　　　　깻잎 6~7장
　　　　표고버섯 2개
　　　　무순 조금
　　　　저칼로리 마요네즈 1/2큰술
　　　　참기름 1작은술

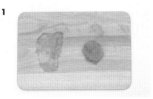

1 명란은 세로로 반을 갈라 칼등으로 살살 밀어 껍질을 제거합니다.

2 표고버섯은 쌀알 크기로 잘게 다집니다.

3 팬에 기름을 두르지 않고 명란과 다진 표고버섯을 가장 약한 불로 살짝 볶아주세요. 명란이 익으면 탁탁 튀니 최대한 달궜다가 불을 끄고 볶아도 됩니다.

4 밥에 볶은 명란과 버섯, 저칼로리 마요네즈, 참기름을 넣고 잘 섞어주세요.

5 깻잎은 꼭지를 떼어내고 끓는 물에 10초간 데친 후 찬물로 헹궈 물기를 꼭 짜냅니다.

6 4의 밥을 한입 크기로 뭉쳐 깻잎에 올리고 동그랗게 말아주세요.

Tip ◦ 명란은 인공색소가 들어 있지 않은 저염 제품이 좋습니다.

7 무순을 곁들입니다.

명란오차즈케

단백질이 가득하고 고소한 명란과 지방 분해에 좋은 녹차가 어우러진 메뉴예요.
명란을 구워 단 5분 만에 차리는 초간단 한 그릇 요리이지만 내일 또 생각날 정도로 감칠맛이 폭발합니다.

재료 밥 100g
녹차 티백 2개
생수 250ml
명란 1~2개
후리가케 1작은술
쪽파 1대
쯔유 1큰술
참기름 1큰술
올리브오일 1큰술

따뜻한 생수에 녹차 티백을 담가 진하게 우린 후 쯔유를 섞어주세요.

팬에 올리브오일과 참기름을 두르고 약불에 명란을 앞뒤로 뒤집어가며 구워주세요.

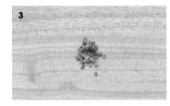

쪽파는 0.3cm 길이로 송송 썰어주세요.

그릇에 밥을 담고 녹차를 부은 후 구운 명란을 올립니다.

Tip ※ 명란은 인공색소를 넣지 않은 저염 제품이 좋습니다.

※ 명란을 굽는 정도는 기호에 맞춰주세요.

후리가케와 송송 썬 쪽파를 올려주세요.

오징어샐러드

통통한 오징어를 구워 싱싱한 샐러드 채소와 함께 드세요.
오징어는 쉽게 구할 수 있는 단백질 재료로 누구나 좋아하는 해산물이죠. 간단한 와인 안주로도 아주 좋아요.

재료　오징어 1마리
　　　어린잎채소 30g
　　　깻잎 3장
　　　올리브오일 2큰술

소스　식초 2큰술
　　　알룰로스 1큰술
　　　간장 1큰술
　　　다진 마늘 1작은술

Tip　시판 오리엔탈 드레싱을 뿌려서 먹어도
　　　맛있습니다.

1 오징어는 몸통을 가르지 않고 다리만 떼어낸 다음 내장과 물렁뼈를 빼냅니다.

2 어린잎채소는 씻어서 물기를 빼고, 깻잎은 씻어서 꼭지를 떼어내고 돌돌 말아 0.1cm 두께로 가늘게 채 썰어주세요.

3 팬에 올리브오일을 두르고 물기를 닦아낸 오징어를 2~3분간 구워주세요.

4 구운 오징어를 한 김 식힌 후 1cm 두께로 통썰기해주세요. 다리도 긴 것은 반으로 썰어주세요.

5 식초, 알룰로스, 간장, 다진 마늘을 섞어 소스를 만들어주세요.

6 통오징어 모양 그대로 접시에 담고 주위로 어린잎채소와 채 썬 깻잎을 올립니다.

오징어깻잎비빔밥

매콤한 오징어볶음이나 낙지볶음이 당길 때 만들어보세요.
센 불에 빠르게 볶은 오징어와 깻잎이 정말 잘 어울려요.
오징어는 다이어트할 때 단백질을 채우기 좋은 식재료 중 하나입니다.

재료 손질 오징어 1/2마리
양파 1/4개
깻잎 7장
밥 100g
청양고추 1개(선택)
대파 1/3대
참기름 1작은술
깨 조금

양념장 다진 마늘 1작은술
고춧가루 1작은술
간장 1큰술
스리라차 소스 1작은술
올리고당 1큰술
올리브오일 1큰술
후춧가루 조금

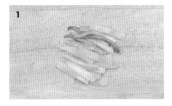

1

오징어는 1cm 두께로 채 썰고, 다리는 하나씩 썰어주세요.

2

양파는 0.5cm 두께로 채썰기, 청양고추(선택)와 대파는 같은 두께로 어슷썰기해주세요.

3

다진 마늘, 고춧가루, 간장, 스리라차 소스, 올리고당, 후춧가루, 올리브오일을 섞어 양념장을 만들어주세요.

4

팬에 양념장을 올리고 가장 약한 불로 30초 정도 볶아주세요.

5

오징어, 채 썬 양파, 어슷 썬 대파, 청양고추를 넣고 중불에 1분 30초간 볶아주세요.

6

불을 끄고 참기름을 살짝 섞어주세요.

Tip ▪ 달걀 프라이를 올려 먹어도 맛있어요.

▪ 오징어 대신 낙지나 주꾸미를 볶아도 됩니다.

7

깻잎은 0.2cm 두께로 아주 가늘게 채썰기합니다.

8

밥 위에 오징어볶음과 채 썬 깻잎을 올리고 깨를 뿌립니다.

PART 7

저렴하게 구할 수 있는 단백질 식재료

캔참치&게맛살

Tuna & Crab sticks

가장 저렴하고 간편하게 몸에 좋은 단백질, 불포화지방, 오메가3(DHA)를 섭취할 수 있습니다. 함께 충전된 기름은 카놀라유 등 일반 식용유가 섞인 것이니 체에 받쳐 기름기를 빼고 먹는 것이 좋아요.

아보카도참치비빔밥

불에 조리할 필요 없는 초간단 레시피이지만 인스타그램에서 5200여 개의 '좋아요'를 받은 인기 메뉴입니다.
간편하면서도 탄수화물, 단백질, 지방을 골고루 갖춰 다이어트 요리로 강력 추천합니다.

Diet Recipe (48)

재료 캔참치(작은 것) 1/2개
아보카도 1/2개
달걀 1개
밥 150g
무순 조금
구운 김 조금
간장 1큰술
저칼로리 마요네즈 1작은술
후춧가루 조금

1

충분히 후숙된 아보카도를 준비합니다.

2

아보카도를 반으로 갈라 씨를 빼내고
0.5cm 두께로 썰어주세요.

3

무순은 흐르는 물에 씻고 키친타월에 올
려 물기를 뺍니다.

4

참치는 숟가락으로 꾹꾹 눌러 기름기를
빼고 마요네즈와 후춧가루를 섞어주세요.

5

달걀은 끓는 물에 7분 30초간 삶아주세
요. 달걀은 반숙 또는 완숙(12분 이상)으로
취향에 따라 삶아주세요.

6

밥 위에 아보카도, 참치, 무순, 삶은 달걀,
검은깨를 올립니다.

Tip ▶ 아보카도는 껍질에 검은빛이 돌고 꼭지
부분을 눌렀을 때 묵직하게 들어갈 정도로
3~4일 후숙하면 좋습니다.

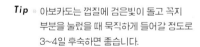

7

간장을 뿌려서 골고루 비벼 김에 싸서 드
세요.

애호박참치덮밥

사계절 쉽게 구할 수 있는 애호박과 양파로 맛있는 덮밥을 만들어보세요.
참치로 단백질까지 채워 한 끼 식사로 손색없어요.

재료 애호박 1/4개
양파 1/4개
캔참치(작은 것) 1/2개
밥 150g
올리브오일 1작은술
간장 1.5큰술
올리고당 1큰술
생수 3큰술
후춧가루 조금
쪽파 조금

1

애호박과 양파는 0.5cm 두께로 채 썰어
주세요.

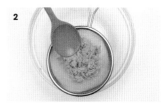

2

참치는 숟가락으로 꾹꾹 눌러 기름기를
빼주세요.

3

팬에 올리브오일을 두르고 채 썬 양파를
중불에 4분간 투명할 때까지 볶아주세요.

4

채 썬 애호박과 참치를 넣어주세요.

5

간장, 올리고당, 후춧가루, 생수를 넣고
뚜껑을 덮어 센 불에 3분간 푹 익힙니다.

6

쪽파는 0.3cm 두께로 송송 썰어주세요.

Tip · 자주 젓지 않고 뚜껑을 덮어 푹 익혀야
참치와 애호박이 뭉개지지 않고 식감이
살아 있어 더 맛있습니다.

7

밥 위에 볶은 애호박과 참치를 올리고 송
송 썬 쪽파를 뿌려주세요.

오이참치옥수수카나페

핑거푸드처럼 한입에 쏙쏙 넣어 먹는 샐러드의 일종이에요.
만들기는 간단하지만 보기에는 근사한 메뉴랍니다.

재료　오이 1개
　　　캔옥수수 1큰술
　　　캔참치(작은 것) 1개
　　　홍고추 1/2개
　　　저칼로리 마요네즈 1작은술
　　　후춧가루 조금

오이는 소금으로 문질러서 가시를 제거하고 흐르는 물에 씻어주세요.

오이 양끝의 꼭지를 떼어내고 5~6cm 길이로 3등분해주세요.

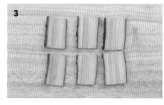

3등분한 오이를 세로로 잘라 티스푼으로 씨를 제거하고 접시 모양으로 만들어주세요.

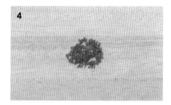

홍고추는 씨를 빼내고 0.1cm 두께로 아주 잘게 다집니다.

참치와 옥수수는 각각 체에 받쳐 기름기와 물기를 뺍니다.

볼에 참치와 옥수수를 담고 저칼로리 마요네즈, 후춧가루를 넣어 골고루 섞어주세요.

다진 홍고추도 넣어서 가볍게 섞어주세요.

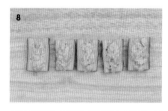

씨를 제거한 오이에 참치옥수수샐러드를 소복이 올려주세요.

오이참치오픈토스트

식빵 2장으로 만드는 샌드위치보다 가볍고 배부르게 먹을 수 있어요.
바삭하게 구운 통밀 식빵에 상큼한 오이와 참치를 올려서 근사한 아침을 만들어보세요.

재료 통밀 식빵 1장
캔참치(작은 것) 1개
크림치즈 1큰술
삶은 달걀 1개
오이 1/2개
크러쉬드 레드페퍼 조금
후춧가루 조금

1 참치는 체에 받쳐 기름기를 빼내고 뭉친 것 없이 잘게 으깹니다.

2 통밀 식빵은 취향에 따라 구워주세요.

3 오이는 껍질을 소금으로 문질러 씻어서 가시만 제거합니다.

4 씻은 오이는 감자칼이나 슬라이서를 사용해 0.1cm 두께로 길고 아주 얇게 썰어서 키친타월에 올려 물기를 빼주세요.

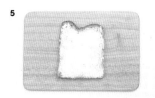

5 구운 식빵에 크림치즈를 펴 바릅니다.

6 얇게 썬 오이와 으깬 참치를 올리고 삶은 달걀을 0.5cm 두께로 썰어서 둥그렇게 올려주세요.

Tip ▪ 크림치즈를 펴 바르면 오이의 수분이 빵에 스며드는 것을 막아 끝까지 바삭한 토스트를 먹을 수 있어요. 저칼로리 마요네즈나 홀그레인 머스터드를 펴 발라도 됩니다.

▪ 달걀은 끓는 물에 식초를 조금 넣고 반숙(7분) 또는 완숙(12~14분)으로 삶아주세요.

7 후춧가루와 크러쉬드 레드페퍼를 뿌립니다.

참치깻잎전

깻잎과 참치로 예쁜 전을 만들어보세요.
밀가루 대신 달걀흰자와 오트밀을 넣은 참치깻잎전은 고소하고 향긋한 맛에 온 가족이 좋아합니다

재료 깻잎 6장
캔참치(작은 것) 1개
양파 1/4개
달걀 2개
오트밀 2큰술
올리브오일 1큰술

1

깻잎은 깨끗이 씻어서 꼭지를 떼어냅니다.

2

참치는 체에 받쳐 기름기를 짜낸 다음 달 걀흰자 1개와 오트밀을 넣고 반죽을 만들 어주세요.

3

양파는 0.5cm 크기로 잘게 다져 기름을 두르지 않은 마른 팬에 약불로 2분간 볶 은 다음 식혀서 반죽에 섞어주세요.

4

깻잎에 참치 반죽을 올리고 반달 모양으 로 접어주세요.

Tip ▸ 케첩이나 간장에 찍어 먹으면 맛있습니다.

＊ 2번 과정에서 10분 정도 두면 오트밀이 부드럽게 불어납니다.

5

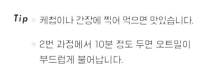

남아 있던 달걀노른자 1개와 추가로 달걀 1개를 더 풀어주세요.

6

팬에 올리브오일을 두르고 4에 달걀물을 입혀 앞뒤로 구워주세요.

참치감태주먹밥

체내 독소 배출과 미네랄, 노화 방지, 혈관 건강에 좋은 감태.
김이랑 달리 입에 넣는 순간 사르르 녹으면서 감칠맛이 폭발합니다.
동글동글 감태주먹밥을 도시락으로 만들어보세요. 간단하면서 맛있는 메뉴예요.

재료 밥 120g
캔참치(작은 것) 1/2개
구운 감태 2장
만가닥버섯 80g
방울토마토 3개

Tip 조미되지 않은 생감태를 사용할 경우
밥에 참기름과 소금으로 간을 합니다.

1

참치는 숟가락으로 꾹 눌러 기름기를 빼고 따뜻한 밥에 골고루 섞어주세요.

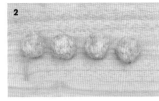

2

한입에 쏙 들어가는 크기로 쥐어서 주먹밥을 만들어주세요.

3

감태는 가위로 큼직하게 자른 후 손으로 가루가 될 정도로 찢어주세요.

4

만가닥버섯은 밑동을 잘라내고 기름을 두르지 않은 마른 팬에 1분간 볶아주세요.

5

손에 주먹밥을 올리고 감태 가루를 뿌려서 잘 붙도록 움켜쥡니다.

6

접시에 감태주먹밥을 올리고 구운 버섯, 방울토마토를 곁들입니다.

매콤참치양배추볶음밥(밀프렙)

빨간 고추참치에 밥을 비벼 먹는 맛이에요. 아삭한 양배추의 식감과 대파 향이 좋은 볶음밥입니다.
만들어두고 간편하게 데워 드세요.

Diet
Recipe **54**

재료 캔참치 2개
밥 400g
양배추 1/4개
양파 1/2개
대파 1대
고춧가루 1큰술
올리브오일 2큰술
굴소스 2큰술
후춧가루 조금

1

참치는 체에 받쳐 기름기를 뺍니다.

2

양배추와 양파는 1cm 크기로 굵게 다져
주세요.

3

대파는 세로로 반을 갈라 0.2cm 두께로
송송 썰어주세요.

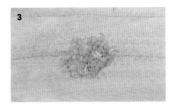

4

팬에 올리브오일을 두른 후 중불에 송송
썬 대파, 다진 양파, 양배추를 넣고 볶아
주세요.

Tip ▸ 완전히 식었을 때 뚜껑을 닫아야
고슬고슬한 볶음밥을 먹을 수 있어요.

◦ 냉동 보관하면 2주일까지 맛있게
먹을 수 있어요.

◦ 현미밥, 귀리밥, 곤약밥 등 식이섬유가
더 풍부하고 칼로리가 적은 밥을
사용하면 더 좋아요.

◦ 각자의 식사량에 맞춰 나눕니다. 조금
부족할 때는 샐러드나 채소 스틱과 함께
먹으면 충분할 거예요.

◦ 자투리 채소를 활용해도 됩니다.
다만 가지와 팽이버섯 등 냉동과
해동 과정에서 물러지는 채소는
사용하지 않는 것이 좋아요.

5

약불로 낮추고 고춧가루를 넣어 고추기름
을 내주세요.

6

밥, 참치, 굴소스, 후춧가루를 넣고 센 불
에 1분간 저어가며 볶아주세요.

7

전자레인지용 그릇에 나눠 담습니다.

게맛살사과두부유부초밥

게맛살과 사과의 조합이 정말 상큼해요. 밥 양은 줄이고 두부로 단백질을 채웠어요.
아삭아삭한 사과유부초밥은 피크닉 메뉴로 안성맞춤이에요.

Diet Recipe (55)

재료 사각유부 10장
  밥 100g
  두부 50g
  사과 1/3개
  게맛살 50g
  쪽파 2대
  저칼로리 마요네즈 1큰술
  후춧가루 조금

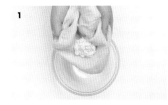

두부는 면보에 싸서 물기를 짜냅니다.

게맛살은 결대로 가늘게 찢어주세요.

밥에 두부와 유부초밥에 함께 들어 있는 프레이크를 넣고 잘 섞어주세요.

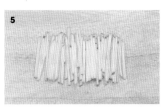

사각유부는 물기를 가볍게 짜냅니다.

사과는 0.3cm 두께로 얇게 채 썰어주세요.

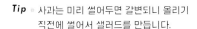

채 썬 사과에 게맛살, 저칼로리 마요네즈, 후춧가루를 넣고 섞어서 샐러드를 만들어 주세요.

Tip ▸ 사과는 미리 썰어두면 갈변되니 올리기 직전에 썰어서 샐러드를 만듭니다.

  ▸ 취향에 따라 샐러드에 홀그레인 머스터드를 섞어도 좋아요.

사각유부에 3의 밥을 채웁니다.

샐러드를 올리고 송송 썬 쪽파를 올립니다.

PART 8

다이어트 1등 단백질 공급원

닭고기&달걀

Chicken & Egg

닭고기는 부위별 맛과 식감이 다양한 식재료입니다. 껍질과 지방이 너무 많은 부위만 피한다면 맛있게 먹으면서 단백질을 공급할 수 있어요. 닭가슴살과 닭안심은 지방이 적고 단백질이 풍부해 다이어트에 더할 나위 없죠. 완전식품이라 불리는 달걀은 단백질이 풍부하고 필수아미노산이 골고루 들어 있어요. 달걀 하나에 단백질 열량이 70kcal 정도이고, 위에 머무르는 시간이 길어서 포만감이 오래갑니다. 요리에 넣어도 되고, 그냥 삶거나 구워서 출출할 때 간식으로 먹기에 좋아요.

닭가슴살데리야키꼬치

닭가슴살과 대파를 꼬치에 꽂아 굽는 거예요.
구운 대파의 향긋하고 달달한 맛이 퍽퍽할 수 있는 닭가슴살에 감칠맛을 더합니다.
다이어트 중 맥주 한잔하고 싶을 때 꼭 만들어보세요.

재료 닭가슴살 1.5덩이
대파(흰 부분) 2대
빨강 파프리카 1/2개
올리브오일 1큰술
후춧가루 조금

양념장 간장 2큰술
굴소스 1/2큰술
알룰로스 2큰술
생강가루 1/2작은술
다진 마늘 1큰술

나무꼬치 3개

닭가슴살은 세로로 반을 가른 후 3~4토
막으로 썰고 후춧가루를 버무려 10분 정
도 재워둡니다.

대파는 2~3cm 길이로 썰어주세요.

빨강 파프리카는 반을 잘라 씨를 빼내고
닭가슴살과 비슷한 크기로 썰어주세요.

간장, 굴소스, 알룰로스, 생강가루, 다진
마늘을 섞어 양념장을 만들어주세요.

나무꼬치에 대파-닭가슴살-파프리카 순으
로 꽂아주세요.

요리용 브러시를 사용하거나 손으로 꼬치
에 올리브오일을 골고루 발라주세요.

Tip ▶ 소스를 바르지 않고 소금 간으로
담백하게 구워도 맛있어요.

▫ 통마늘, 양송이버섯 등 좋아하는 채소를
끼워서 만들어도 됩니다.

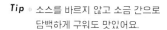

팬을 가장 약한 불로 달군 후 꼬치를 올려
속까지 5분 정도 익힙니다.

중불로 올리고 양념장을 발라가며 2~3분
더 구워줍니다.

닭안심시금치토르티야랩

밀가루 대신 오트밀과 시금치를 사용해 토르티야를 만들었어요.
건강에도 좋고 눈도 즐거운 메뉴예요.
시금치는 비타민과 철분이 가득해 남녀노소 모두에게 좋은 채소예요.
사계절 쉽게 구할 수 있지만 겨울에 특히 달고 맛있답니다.

재료 시금치 2~3대
오트밀 40g
달걀 2개
생수 40ml
닭안심 4덩이
양파 1/3개
빨강 파프리카 1/3개
노랑 파프리카 1/3개
청상추 4장
슬라이스 치즈 1장
올리브오일 1큰술
머스터드 소스 1큰술
소금 2꼬집

매직랩

Tip ◦ 닭안심은 끓는 물에 통후추를 넣어
8분간 삶거나 후춧가루를 뿌려 팬에
구워주세요.

시금치는 뿌리에 묻은 흙을 잘 씻어낸 다음 물기를 뺍니다.

믹서에 시금치, 오트밀, 달걀, 생수, 소금을 한꺼번에 넣고 곱게 갈아주세요.

팬에 올리브오일을 두르고 키친타월이나 요리용 브러시로 팬 전체에 골고루 발라주세요.

팬에 2의 반죽을 얇게 펴고 처음부터 끝까지 약불로 구워야 타지 않고 초록색을 띠는 토르티야를 만들 수 있습니다.

닭안심은 삶아서 잘게 찢고, 양파, 빨강 · 노랑 파프리카는 0.3cm 두께로 채 썰어주세요.

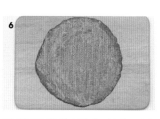

토르티야를 한 김 식힌 후 머스터드 소스 1/2큰술을 펴 발라주세요.

씻어서 물기를 완전히 뺀 청상추를 올리고 슬라이스 치즈 1/2장, 닭안심, 채 썬 양파, 파프리카를 올려서 돌돌 말아주세요.

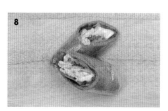

매직랩으로 단단히 고정하고 사선으로 잘라주세요.

닭가슴살미역국밥

미역에는 칼슘과 식이섬유가 풍부해서 다이어트를 하느라 식사량을 줄이면서 찾아온 변비에 아주 좋아요.
미역은 한 번에 불려 조금씩 나눠 냉동해두면 바쁜 아침에 뚝딱 만들어 따뜻하게 먹을 수 있는 한 그릇 요리예요.

재료 닭가슴살 1/2덩이
밥 100g
불린 미역 30g(1줌)
무 30g
생수 350ml
참기름 1큰술
깨 1작은술
소금 3꼬집

불린 미역은 여러 번 헹궈 물기를 꼭 짜낸 후 2cm 길이로 썰어주세요.

닭가슴살은 1×1cm 크기로 깍둑썰기해주세요.

무는 0.5cm 두께로 채 썰어주세요.

냄비에 닭가슴살을 볶다가 겉이 익으면 미역과 채 썬 무, 참기름을 넣고 4분간 약불에 볶아주세요.

Tip ⟐ 5번 과정에서 밥을 함께 넣어 죽처럼 끓여 먹어도 좋아요.

⟐ 밥 대신 오트밀을 넣고 끓여도 됩니다.

⟐ 간이 부족하다면 김치를 곁들여 먹습니다.

생수를 붓고 무가 투명하게 익을 때까지 중불에 5분 정도 더 끓입니다. 소금으로 간을 맞춰요.

그릇에 밥을 담고 국을 부은 다음 깨를 뿌립니다.

닭가슴살팟타이

밀가루가 전혀 들어가지 않은 100% 쌀국수를 사용하세요.
닭가슴살로 단백질을 채우고 집에서도 이국적인 볶음면을 만들 수 있어요.

재료 쌀국수 50g
닭가슴살 1덩이
숙주 50g
달걀 1개
부추 20g
양파 1/4개
올리브오일 1큰술

양념장 식초 1큰술
간장 1.5큰술
생수 2큰술
스테비아 1/3큰술
액젓 1/2큰술
올리브오일 2큰술

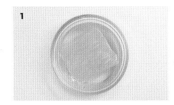

쌀국수는 찬물에 1시간가량 불려두세요.

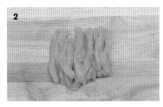

닭가슴살은 1cm 두께로 채 썰어주세요.

부추는 4~5cm 길이로 썰고, 양파도 도톰하게 채 썰어주세요.

식초, 간장, 생수, 스테비아, 액젓, 올리브오일을 섞어 양념장을 만들어주세요.

팬에 올리브오일 1큰술 두르고 닭가슴살과 채 썬 양파를 3분간 볶다가 한쪽으로 밀어둡니다.

같은 팬에 달걀을 깨뜨려 스크램블을 만든 다음 불려둔 쌀국수와 양념장을 넣고 모든 재료를 섞어가며 볶아주세요.

부추와 숙주를 넣고 30초간 센 불에 볶아주세요.

닭가슴살오이냉채

1편에서 소개한 오이탕탕이 응용편입니다. 칼로 썰기보다 두드리면 오이 사이사이 간이 배어 더욱 아삭합니다.
고수는 호불호가 있지만 한번 빠지면 정말 매력적이에요. 집에서도 이국적인 맛의 샐러드를 즐겨보세요.

재료　닭가슴살 1덩이
　　　　오이 1개
　　　　양파 1/4개
　　　　고수 10g(선택)
　　　　식초 3큰술
　　　　스테비아 1/3큰술
　　　　소금 5꼬집

닭가슴살은 끓는 물에 10분간 삶아주세요.

삶은 닭가슴살을 찬물에 담가 식혀서 잘게 찢어주세요.

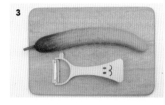

오이는 필러로 가시만 살짝 제거하고 껍질째 사용합니다.

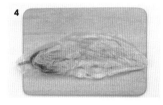

오이를 비닐팩에 넣고 절구나 밀대를 이용해 갈라질 정도로 여러 번 두들겨주세요.

두들긴 오이는 길이가 긴 것은 한입 크기로 툭툭 부러뜨리고, 양파는 0.5cm 두께로 채 썰어주세요.

볼에 오이와 채 썬 양파, 잘게 찢은 닭가슴살을 담고, 식초, 스테비아, 소금을 넣어 버무려주세요.

Tip ◦ 냉장고에 넣어 2시간 이상 숙성하면 더 맛있어요. 먹기 전에 한 번 더 섞어주세요.

　　◦ 소금은 입맛에 따라 조절하세요.

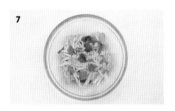

기호에 따라 고수를 올립니다.

닭가슴살볶음밥(밀프렙)

퍽퍽한 닭가슴살을 좋아하지 않는다면 잘게 다져 밥과 함께 볶아보세요.
가장 손쉽게 구할 수 있는 단백질 공급원인 닭가슴살이 맛있다고 느껴질 거예요.

Diet Recipe 61

재료 밥 400g
닭가슴살 3덩이
양파(큰 것) 1개
표고버섯 10개
빨강 파프리카 1개
대파 1대
올리브오일 3큰술
간장 1큰술
굴소스 1큰술
후춧가루 1/2작은술

Tip ▸ 완전히 식었을 때 뚜껑을 닫아야
고슬고슬한 볶음밥을 먹을 수 있어요.

▪ 냉동 보관하면 2주일까지 맛있게
먹을 수 있어요.

▪ 현미밥, 귀리밥, 곤약밥 등 식이섬유가
더 풍부하고 칼로리가 적은 밥을
사용하면 더 좋아요.

▪ 각자의 식사량에 맞춰 나눕니다. 조금
부족할 때는 샐러드나 채소 스틱과 함께
먹으면 충분할 거예요.

▪ 자투리 채소를 활용해도 됩니다.
다만 가지와 팽이버섯 등 냉동과
해동 과정에서 물러지는 채소는
사용하지 않는 것이 좋아요.

닭가슴살은 1×1cm 크기로 깍둑썰기합니다.

양파, 표고버섯, 빨강 파프리카는 0.5cm
크기로 잘게 다집니다.

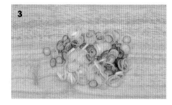

대파는 0.3cm 두께로 송송 썰어주세요.

팬에 올리브오일을 두르고 다진 양파와
대파를 약불에 볶아서 파기름을 내주세요.

닭가슴살을 넣고 중불로 올려 2~3분간
볶아줍니다.

밥과 잘게 다진 표고버섯, 파프리카를 넣
어 잘 섞은 후 잠깐 불을 꺼주세요.

간장, 굴소스, 후춧가루를 넣고 센 불에
1분만 더 볶아주세요.

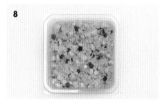

전자레인지용 그릇에 나눠 담습니다.

저탄수달걀김밥

밥 없이 만드는 저탄수화물 김밥이에요.
알록달록 예쁜 재료를 넣으면 보기에도 좋아요. 도시락으로 아주 좋답니다.

재료 게맛살 100g
　　　달걀 2개
　　　당근 1/6개
　　　오이 1/4개
　　　깻잎 4장
　　　김밥김 1장
　　　저칼로리 마요네즈 1큰술
　　　참기름 조금

1

게맛살은 결대로 가늘게 찢은 후 저칼로리 마요네즈를 넣어 가볍게 버무려주세요.

2

달걀을 풀고, 팬에 식용유를 살짝 둘러서 가장 약한 불에 얇게 지단을 부칩니다.

3

달걀지단은 한 김 식혀서 0.3cm 두께로 가늘게 채 썰어주세요.

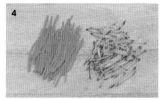

4

당근과 오이는 통째로 어슷썰기한 후 0.3cm 두께로 가늘게 채 썰어주세요.

5

깻잎은 씻어서 물기를 털어내고 꼭지를 잘라낸 다음 0.3cm 두께로 썰어주세요.

6

김발 위에 김밥김을 펼치고 게맛살을 밥처럼 2/3 정도 펴서 올립니다.

Tip ● 게맛살은 칼등이나 손으로 지그시 한 번 누르면 잘 찢어져요.

　　 ● 김밥김은 반들거리는 면이 바깥 부분이니, 거친 안쪽 면에 재료를 올립니다.

　　 ● 김 끝부분에 물을 살짝 바르면 딱 붙어서 잘 고정됩니다.

　　 ● 고추냉이간장 소스에 찍어 먹어도 맛있어요.

7

채 썬 달걀, 당근, 오이, 깻잎을 차례로 올리고 터지지 않게 잘 말아서 김발을 풀지 않고 3분간 고정합니다.

8

김밥 위에 참기름을 바르고 먹기 좋은 크기로 썰어주세요.

알알이달걀볶음밥

밥알이 하나하나 살아 있는 중식 볶음밥을 집에서도 만들 수 있어요.
잘 먹지 않는 브로콜리 대까지 다져 넣어 적은 밥으로도 포만감을 느낄 수 있어요.
식이섬유가 풍부한 브로콜리 대를 버리지 말고 활용해보세요.

재료 밥 100g
브로콜리 1/4송이
달걀 2개
당근 조금(손가락 1개 크기)
쪽파 1대
올리브오일 2큰술
굴소스 2/3큰술
후춧가루 조금
검은깨 조금

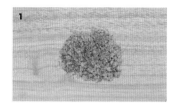

브로콜리는 채소 다지기로 쌀알 크기와 비슷하게 곱게 다집니다.

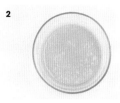

그릇에 달걀 2개를 풀고 밥을 넣어 섞어주세요.

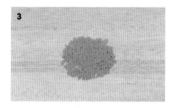

당근도 브로콜리처럼 다집니다.

쪽파는 0.3cm 두께로 송송 썰어주세요.

팬에 올리브오일을 두르고 중약불에 섞어둔 달걀과 밥을 2~3분간 볶아주세요. 밥 한알한알이 달걀로 코팅되어 볶아지도록 잘 섞어주세요.

다진 브로콜리와 당근을 넣고 1~2분 더 볶아주세요.

굴소스, 후춧가루를 넣고 센 불에 30초만 더 볶아주세요.

볶음밥을 밥공기에 꾹꾹 눌러 담은 후 접시에 엎고 쪽파와 검은깨를 뿌려주세요.

초간단텐신항

부드럽고 폭신한 달걀을 밥 위에 덮고 감칠맛 나는 소스를 부어 따뜻하게 먹어요.
아주 간단하고 든든한 메뉴예요. 쪽파를 충분히 올리면 더 맛있답니다.

재료 달걀 2개
게맛살 2개
쪽파 2대
밥 150g
후춧가루 조금
올리브오일 1큰술

소스 생수 70ml
굴소스 1큰술
전분물 2큰술

Tip ◦ 전분물(전분:물 1:1)은 금방 분리되니
넣기 직전에 잘 섞어줍니다.

◦ 게맛살 대신 팽이버섯을 넣어도 됩니다.

1
달걀을 풀고 게맛살을 칼이나 손으로 뭉개듯이 눌러서 잘게 찢어 넣고 후춧가루를 뿌려 섞어주세요.

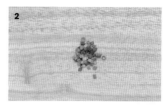

2
쪽파는 0.3cm 두께로 송송 썰어주세요.

3
팬에 올리브오일을 두르고 달걀물을 부어서 중약불에 스크램블을 만듭니다. 뒤집지 않고 취향에 따라 60~80%만 익힙니다.

4
넓은 그릇에 밥을 펴고 스크램블을 올립니다.

5
팬에 생수와 굴소스를 넣고 팔팔 끓으면 감자 전분물을 조금씩 넣어 농도를 맞춥니다.

6
소스를 붓고 쪽파를 올립니다.

밥달걀말이

냉장고 속에 자리 잡고 있는 자투리 채소를 처리하기에 더할 나위 없어요.
애호박, 당근, 양파, 새송이버섯을 넣어서 만들어볼 거예요.
도시락 메뉴로도 추천합니다.

재료 달걀 3개
자투리 채소(애호박, 당근, 양파,
새송이버섯 등) 4큰술
밥 150g
간장 1큰술
참기름 1/2큰술
깨 1/3작은술
올리브오일 2큰술

1

2

애호박, 당근, 양파, 새송이버섯 등 자
투리 채소는 채소다지기나 칼을 사용해
0.3cm 크기로 최대한 잘게 다집니다.

팬에 올리브오일 1/2큰술을 두르고 다진
채소를 2분 정도 볶아주세요.

3

4

따뜻한 밥에 볶은 채소와 간장, 참기름,
깨를 넣고 뭉치면서 섞어주세요.

달걀은 흰자와 노른자가 잘 섞이도록 풀
어주세요.

5

6

팬에 올리브오일을 두르고 키친타월이나
요리용 브러시로 골고루 발라주세요.

약불에 맞추고 달걀물을 반 정도 부어서
팬 전체에 골고루 펼칩니다.

Tip ✦ 김발에 싸서 5분 정도 고정해두었다가
1.5cm 두께로 썰어주세요.

✦ 달걀물을 체에 한 번 거르면
더 부드러운 달걀말이가 됩니다.

✦ 저칼로리 케첩을 찍어 먹으면 더 맛있어요.

7

8

밥을 뭉쳐 달걀 위에 길게 올리고 말아주
세요.

나머지 달걀물을 부어가며 말아줍니다.

저탄수소시지김밥

요즘은 밀가루와 첨가물이 적고 원육 함량이 높은 소시지들이 많이 나오고 있어요.
밥 대신 폭신한 달걀을 넣어 저탄수화물 김밥을 만들어보세요.

재료 소시지 5개(비엔나 소시지 기준)
　　　달걀 2개
　　　청상추 2장
　　　깻잎 2장
　　　당근 1/5개
　　　김밥김 1장
　　　올리브오일 1작은술
　　　참기름 조금

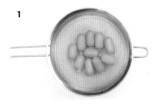

끓는 물에 소시지를 넣고 2분간 데친 후
체에 받쳐 식혀주세요.

달걀은 그릇에 잘 풀어주세요.

팬에 올리브오일을 두르고 키친타월이나
요리용 브러시로 골고루 바른 후 가장 약
한 불에 달걀지단을 부쳐주세요.

청상추와 깻잎은 깨끗이 씻어서 물기를
빼주세요.

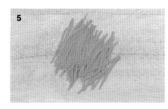

당근은 0.2cm 두께로 채 썰어주세요.

김밥김 위에 달걀지단을 펼쳐 올리고 청
상추-깻잎-소시지-당근 순으로 올려서
단단히 말아주세요.

Tip ▫ 닭가슴살 소시지를 넣으면 다이어트식
　　　으로 더 좋아요.

김밥에 참기름을 바르고 도톰하게 썰어냅
니다.

아보카도메추리알구이

근사한 아침으로 먹어도 좋고 저탄수화물 저녁 식단으로도 추천합니다.
늘 생으로 먹는 아보카도는 구워도 맛있답니다. 에어프라이어로 만드는 초간단 메뉴예요.

재료 아보카도 1개
메추리알 2개
베이컨 1장
쪽파 1대
슬라이스 치즈 1장
파슬리 조금

후숙한 아보카도는 깨끗이 세척한 후 세로로 빙 둘러 칼집을 넣고 손으로 비틀어서 반으로 쪼갠 다음 씨를 빼냅니다.

재료가 들어갈 수 있도록 숟가락으로 아보카도 속을 조금 파냅니다.

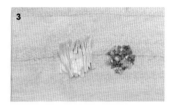

베이컨과 쪽파는 0.3cm 두께로 썰어주세요.

메추리알을 아보카도에 넣고 베이컨, 쪽파, 슬라이스 치즈 1/2장을 차례로 올립니다.

Tip ▸ 아보카도는 껍질에 검은빛이 돌고 꼭지 부분을 눌렀을 때 말캉할 정도로 후숙합니다.

▫ 메추리알 대신 달걀을 넣어도 됩니다.

▫ 파낸 아보카도는 과카몰리나 주스에 넣으면 됩니다.

▫ 기기에 따라 굽는 시간을 조절합니다.

180도로 예열된 오븐이나 에어프라이어에 10~11분간 구워주세요.

파슬리를 뿌립니다.

PART 9

다양한 맛을 즐길 수 있는
소고기&돼지고기&오리고기

Meat

·····

다이어트를 할 때 단백질 섭취는 필수입니다. 단백질은 소화 흡수 시간이 탄수화물에 비해 오래 걸려 포만감을 줍니다. 한 가지 단백질만 섭취하면 오랜 기간 지속할 수 없으니 다양하게 먹어보세요. 다이어트 중이라도 지방이 너무 많은 부위만 피하면 여러 부위를 즐겨도 괜찮아요.

리셋수프(밀프렙)

마녀 수프, 해독 수프로 알려진 토마토 스튜 레시피입니다.
변비에도 좋고 피부에도 좋은 메뉴예요.
맵고 짜고 단맛에 길들여진 입맛을 리셋할 때 좋습니다.

재료   소고기 400g
      양파 2개
      토마토 1kg
      브로콜리 1송이
      양송이버섯 15~20개
      양배추 1/4통
      홀토마토 1캔(400g)
      올리브오일 3큰술
      액체형 치킨스톡 2~3큰술
      생수 800ml
      후춧가루 조금
      소금 조금

소고기는 기름기가 적은 살코기 부위를
준비해 한입 크기로 썰어주세요. 국거리
를 사면 더 간편합니다.

양파, 토마토, 양배추는 2cm 크기로 잘게
썰어주세요.

양송이버섯은 반으로 썰어주세요. 브로콜
리 송이 부분도 버섯과 비슷한 크기로 썰
고, 영양소가 많은 대는 다른 재료보다 조
금 더 작게 썰어주세요.

냄비에 올리브오일을 두르고 소고기와 잘
게 썬 양파, 양배추를 넣고 후춧가루를 뿌
려 5분간 볶아주세요.

양파가 노릇해지면 양송이버섯과 브로콜
리를 넣고 잘 섞어주세요.

토마토, 홀토마토, 생수를 넣고 센 불에
20분, 약불로 낮춰서 30분간 뚜껑을 덮고
끓여주세요. 양배추와 양파가 완전히 무
를 정도로 1시간가량 푹 끓입니다.

Tip   각자 좋아하는 채소로 준비하면 됩니다.
      (애호박, 당근, 아스파라거스 등)

      이국적인 맛을 원한다면 올리브오일 대신
      버터를 사용하고, 샐러리와 월계수잎을
      1~2장 넣어요.

      탄수화물을 추가한다면 감자를 넣거나
      고구마, 식빵과 같이 먹으면 맛있어요.

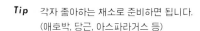

치킨스톡으로 간을 하고 취향대로 소금을
추가하세요.

차돌박이팽이버섯찜

채소고기찜은 언제나 사랑받는 요리입니다.
저탄수화물 레시피로 저녁에도 부담 없이 즐길 수 있고 소화도 잘되니까요.
차돌박이를 숙주와 함께 쪄서 맛있게 먹어보세요.

재료 팽이버섯 1/2봉지
차돌박이 150g
부추 30g
양파 1/4개
숙주 50g
전분 1큰술
후춧가루 조금
소주 1컵

소스 간장 3큰술
생수 2큰술
식초 1큰술
연겨자 1/3작은술
땅콩버터 1/2작은술
다진 청·홍고추 조금
쪽파 조금

Tip 기름기가 적은 샤부샤부용이나 육전용 소고기로 만들어도 됩니다.

전분은 찌는 중에 채소를 만 고기가 풀리는 것을 방지하는 접착제 역할을 합니다.

1 팽이버섯은 밑동을 잘라내고 씻은 후 반으로 썰어주세요.

2 차돌박이는 도마에 펼쳐서 후춧가루를 솔솔 뿌립니다.

3 부추와 양파도 팽이버섯과 비슷한 두께와 길이로 채 썰어주세요.

4 숙주는 여러 번 씻어서 체에 받쳐 물기를 뺍니다.

5 펼친 차돌박이에 전분을 1꼬집 뿌린 다음 채 썬 양파, 팽이버섯, 부추를 올리고 돌돌 말아주세요.

6 찜통에 물과 소주 1잔을 넣고 팔팔 끓으면 찜기에 숙주부터 깔아줍니다.

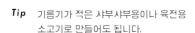

7 차돌박이채소말이를 숙주 위에 올리고 센불에 4분간 찝니다.

8 간장, 생수, 식초, 연겨자, 땅콩버터, 다진 청·홍고추, 쪽파를 섞어서 소스를 만들어 곁들입니다.

스테이크숙주덮밥

밥 양이 적어도 숙주가 포만감을 채워줘서 한 끼 식사로 든든합니다.
숙주는 90% 이상이 수분으로 이루어져 있어 칼로리가 낮고
식이섬유, 체지방 분해를 돕는 비타민B2, 면역력에 좋은 비타민A도 풍부합니다.

재료 스테이크용 소고기 150g
밥 100g
숙주 100g(2줌)
양파 1/2개
달걀노른자 1개
간장 2큰술
올리고당 1큰술
맛술 1큰술
생수 2큰술
고추냉이 조금
소금 조금
후춧가루 조금

1

스테이크용 소고기는 엄지손가락 크기로 썰어서 소금과 후춧가루를 뿌려 밑간하고 실온에 재워두세요.

2

숙주는 끓는 물에 소금을 넣고 30초간 데친 후 체에 받쳐 물기를 뺍니다. 물에 헹구지 않아도 됩니다.

3

팬에 생수, 간장, 올리고당, 맛술을 넣고 바글바글 끓여주세요.

4

양파를 0.5cm 두께로 채 썰어서 3의 양념장에 넣고 2분간 바짝 조립니다.

5

재워둔 고기를 취향대로 구워주세요.

6

따뜻한 밥 위에 조린 양파-데친 숙주-스테이크 순으로 올립니다.

7

달걀노른자와 고추냉이를 올려주세요.

스테이크오트밀리조토

오트밀은 식이섬유가 풍부하고 적은 양으로도 쌀보다 포만감을 많이 느낄 수 있어요.
따뜻한 리조토가 먹고 싶을 때 만들어보세요. 쌀보다 조리 시간도 훨씬 빠르답니다.

Diet Recipe (71)

재료 스테이크용 소고기 150g
오트밀 40g
두유 200ml
양파 1/4개
슬라이스 치즈 1장
청양고추 1개(선택)
쪽파 1대(선택)
후춧가루 조금
소금 조금

Tip 두유 대신 우유 또는 아몬드유를 넣어도
됩니다.

퀵 오트밀을 사용하면 조리 시간이
단축됩니다.

1

양파는 0.5×0.5cm 크기로 잘게 다지고,
소고기에 후춧가루를 뿌려 밑간합니다.

2

냄비에 오트밀, 두유, 양파를 넣고 중약불
에 저어가며 4분 정도 끓여주세요.

3

슬라이스 치즈를 1장 넣고 모자란 간은 소
금으로 맞춰주세요.

4

쪽파와 청양고추(선택)는 0.3cm 두께로
송송 썰어주세요.

5

팬을 충분히 달궈서 소고기를 취향에 맞
게 구워주세요.

6

리조토 위에 먹기 좋게 썬 스테이크를 올
리고, 쪽파와 청양고추를 올립니다.

소고기쌈무구절판

우리나라의 전통 요리 구절판은 밀전병에 여러 가지 재료를 싸 먹는 요리입니다.
밀가루 전병 대신 칼로리가 낮은 쌈무에 싸서 먹어보세요. 알록달록 눈으로 먼저 먹는 요리입니다.

재료 쌈무 10장
달걀 2개
당근 1/6개
빨강 파프리카 1/3개
오이 1/3개
잡채용 소고기 70g
표고버섯 2개
칵테일 새우 10마리
올리브오일 2큰술
후춧가루 조금

소스 간장 3큰술
연겨자 1/2작은술

1. 달걀은 흰자와 노른자를 따로 그릇에 풀어주세요.

2. 팬에 키친타월로 올리브오일을 발라서 가장 약불에 달걀지단을 부쳐서 식혀둡니다.

3. 당근, 빨강 파프리카, 오이는 0.3cm 두께로 가늘게 채 썰어주세요. 오이와 파프리카는 씨를 제거하고 썰어줍니다.

4. 잡채용 소고기는 후춧가루를 뿌려 2분간 볶은 후 식힙니다.

5. 표고버섯은 대를 떼어내고 갓을 0.2cm 두께로 얇게 편 썰어서 1분간 볶은 후 식혀주세요.

6. 끓는 물에 칵테일 새우를 넣고 2분간 데친 후 물기를 뺍니다.

7. 큰 접시 가운데 쌈무를 놓고 준비한 재료를 빙 둘러 담아주세요.

8. 간장과 연겨자를 섞은 소스에 찍어 먹어요.

소고기버섯볶음밥(밀프렙)

버섯은 사계절 쉽게 구할 수 있는 다이어트 재료입니다.
특히 느타리버섯은 콜레스테롤, 지방의 흡수를 막아 비만을 예방하는 효능이 있다고 해요.
소고기와 함께 볶음밥을 만들어보세요.

재료
다진 소고기 300g
느타리버섯 100g
양파 1개
밥 400g
쪽파 6대
청양고추 1개(선택)
올리브오일 2큰술
간장 3큰술
참기름 1큰술
깨 조금
후춧가루 조금

Tip 완전히 식었을 때 뚜껑을 닫아야
고슬고슬한 볶음밥을 먹을 수 있어요.

냉동 보관하면 2주일까지 맛있게
먹을 수 있어요.

현미밥, 귀리밥, 곤약밥 등 식이섬유가
더 풍부하고 칼로리가 적은 밥을
사용하면 더 좋아요.

각자의 식사량에 맞춰 나눕니다. 조금
부족할 때는 샐러드나 채소 스틱과 함께
먹으면 충분할 거예요.

자투리 채소를 활용해도 됩니다.
다만 가지와 팽이버섯 등 냉동과
해동 과정에서 물러지는 채소는
사용하지 않는 것이 좋아요.

1

다진 소고기에 후춧가루를 뿌리고 버무려
서 20분 정도 재워둡니다.

2

느타리버섯은 1cm 길이로 썰고, 양파는
0.5cm 크기로 잘게 다집니다.

3

청양고추(선택)와 쪽파는 0.3cm 두께로
송송 썰어주세요.

4

팬에 올리브오일을 두르고 다진 양파와
소고기를 볶아주세요.

5

양파가 투명해지면 밥과 느타리버섯을 넣
고 잘 섞어주세요.

6

송송 썬 쪽파와 청양고추, 간장을 넣고
1분간 센 불에 볶아주세요.

7

불을 끄고 깨와 참기름을 뿌려서 한 번 더
섞어줍니다.

8

전자레인지용 그릇에 나눠 담습니다.

앞다리살미나리찜

채소와 고기찜 요리는 늘 인기가 많아요.
찐 고기는 기름기가 쏙 빠져 늦은 저녁에 먹어도 부담 없고 소화도 잘된답니다.

재료 돼지고기 앞다리살(불고기용) 150g
미나리 150g
부추 30g
후춧가루 조금
맛술 2큰술
깨 조금

소스 연겨자 1/2작은술
간장 2큰술
생수 1큰술
식초 1큰술
홍고추 조금

1

부추는 끓는 물에 10초간 데친 후 찬물에
헹궈 물기를 꼭 짜냅니다.

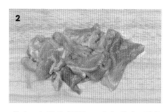

2

돼지고기 앞다리살을 도마에 펼치고 후춧
가루와 맛술을 버무려서 밑간을 합니다.

3

미나리는 깨끗이 씻어서 6cm 길이로 썰
어주세요.

4

돼지고기에 미나리를 듬뿍 올리고 돌돌
말아서 데친 부추를 감아 고정합니다.

5

찜기에 겹치지 않게 돼지고기말이를 올려
서 센 불에 5분간 찝니다.

6

연겨자, 간장, 생수, 식초, 다진 홍고추를
섞어서 소스를 만들어주세요.

Tip 찜통에 양파 껍질이나 소주 1잔을 붓고
찌면 돼지고기 잡내가 사라집니다.

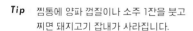

7

찐 고기말이를 접시에 담아 깨를 뿌리고
소스를 곁들입니다.

만두피 없는 굴림만두

만두를 좋아하는 사람들이 많죠? 저도 정말 좋아하는 음식 중 하나예요.
밀가루 만두피가 부담스러운데 굴림만두라면 마음 편히 먹을 수 있어요.

재료 다진 돼지고기 200g
       김치 30g
       부추 20g
       달걀 1개
       전분 1컵
       굴소스 1/2큰술
       후춧가루 조금

1

김치는 국물을 꼭 짜낸 후 0.5×0.5cm 크기로 잘게 다집니다.

2

부추는 0.3cm 길이로 송송 썰어주세요.

3

볼에 다진 돼지고기, 다진 김치, 부추, 달걀, 전분 1큰술, 후춧가루, 굴소스를 넣고 손에 힘을 적당히 주어서 끈적할 정도로 잘 치댑니다.

4

쟁반에 전분을 넓게 펼쳐주세요.

5

숟가락으로 만두소를 퍼서 손으로 동글하게 뭉쳐주세요.

6

동글한 만두소를 전분 위에 놓고 살살 굴린 후 5분 정도 둡니다.

Tip 간장과 식초를 1:1로 섞어서 만든 소스에 찍어 먹어요.

7

만두가 전분을 흡수하면 한 번 더 가볍게 굴려주세요.

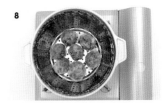

8

찜통에 물을 넣고 팔팔 끓으면 찜기에 만두를 올려 중불에 12분 정도 찝니다.

훈제오리카레볶음밥(밀프렙)

단백질 섭취에 좋은 오리고기의 기름기를 한 번 더 제거해 담백한 볶음밥이에요.
파프리카와 오리고기 궁합이 정말 좋은 메뉴입니다.

Diet Recipe (76)

재료 훈제오리 300g
밥 400g
쪽파 6대
빨강 파프리카 1/2개
노랑 파프리카 1/2개
양파 1개
카레 가루 1큰술
후춧가루 조금

1 훈제오리는 끓는 물에 1분간 데쳐 기름기를 빼줍니다.

2 데친 훈제오리를 체에 받쳐 물기를 빼고 한입 크기로 썰어주세요.

3 빨강 · 노랑 파프리카, 양파는 1×1cm 크기로 굵게 썰어주세요.

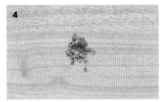

4 쪽파는 0.3cm 두께로 송송 썰어주세요.

Tip 완전히 식었을 때 뚜껑을 닫아야 고슬고슬한 볶음밥을 먹을 수 있어요.

냉동 보관하면 2주일까지 맛있게 먹을 수 있어요.

현미밥, 귀리밥, 곤약밥 등 식이섬유가 더 풍부하고 칼로리가 적은 밥을 사용하면 더 좋아요.

각자의 식사량에 맞춰 나눕니다. 조금 부족할 때는 샐러드나 채소 스틱과 함께 먹으면 충분할 거예요.

자투리 채소를 활용해도 됩니다. 다만 가지와 팽이버섯 등 냉동과 해동 과정에서 물러지는 채소는 사용하지 않는 것이 좋아요.

5 양파와 오리를 중불에 2분 정도 볶다가 양파가 투명해지면 파프리카와 후춧가루를 넣고 볶아주세요.

6 밥, 카레 가루를 넣어 잘 섞어주세요.

7 송송 썬 쪽파를 넣고 센 불로 올려 30초만 더 볶아줍니다.

8 전자레인지용 그릇에 나눠 담습니다.

PART 10

탄수화물 함량은 낮추고 단백질 함량은 높힌

대체면

Tofu noodles & konjac noodles

다이어트를 하다 보면 면요리가 엄청나게 당기는데, 그럴 때 필요한 것이 대체면이에요. 일반 면요리는 단백질이 부족할 수 있는데 두부면은 식물성 단백질이 풍부합니다. 곤약면은 칼로리가 거의 없고 글루코만난이 장운동을 활발하게 해서 변비에 도움이 됩니다.

통밀샐러드파스타

차갑게 먹는 샐러드 파스타는 무엇보다 상큼합니다.
100% 통밀은 소화도 잘되고 좋아하는 샐러드 채소를 더 맛있게 먹을 수 있어요.
탱글한 새우를 올리면 더 맛있습니다.

재료 통밀 파스타 80g
믹스 샐러드 채소 100g
손질 새우 7마리
양파 1/5개
캔옥수수 2큰술
파마산 치즈 가루 조금

소스 올리브오일 3큰술
간장 2큰술
칠리 소스 1큰술
발사믹 식초 1.5큰술

1
끓는 물에 통밀 파스타를 넣고 저어가며 10분간 삶아주세요.

2
믹스 샐러드 채소는 씻어서 채소 탈수기나 키친타월로 물기를 완전히 뺍니다.

3
손질 새우는 끓는 물에 3~4분간 데치거나 팬에 구워줍니다.

4
양파는 슬라이서를 사용해 최대한 얇게 썰고, 찬물에 5분간 담가 매운맛을 빼주세요.

5
삶은 면은 찬물에 헹구고 체에 받쳐 물기를 탈탈 털어주세요.

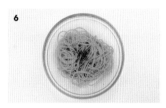

6
볼에 삶은 면을 담고 올리브오일, 간장, 칠리 소스, 발사믹 식초를 섞은 소스를 골고루 버무려주세요.

Tip 6번 과정에서 소스를 조금씩 조절해가며 넣어주세요.

발사믹 식초 대신 일반 식초를 넣어도 됩니다.

시판 오리엔탈 드레싱에 칠리 소스만 섞어서 만들어도 됩니다.

차갑게 먹는 파스타는 1~2분 정도 더 익혀주세요.

7
접시 가장자리에 믹스 샐러드 채소와 양파를 올리고 가운데 소스를 버무린 파스타를 올립니다.

8
새우와 캔옥수수를 올리고 파마산 치즈 가루를 뿌립니다.

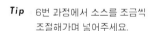

통밀알리오올리오

통밀 스파게티면과 명란을 넣어 담백하면서도 감칠맛이 일품인 파스타예요.
싱싱한 루콜라를 듬뿍 올리고, 마늘은 취향대로 더 넣어도 됩니다.

재료 통밀 스파게티면 80g
통마늘 4~5개
냉동새우 5마리
명란젓 1/2개
페페론치노 2~3개
루콜라 1줌
올리브오일 3큰술
후춧가루 조금
소금 1작은술

1

끓는 물에 소금을 넣고 통밀 스파게티면을 저어가면서 8분간 삶아주세요. 면수는 버리지 않고 나중에 사용합니다.

2

통마늘은 0.2cm 두께로 얇게 편 썰어주세요.

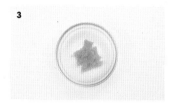

3

명란젓은 세로로 잘라 껍질을 제거하고 알맹이만 사용합니다.

4

팬에 올리브오일을 두르고 약불에 새우와 편 썬 마늘을 3분간 볶는데, 중간에 페페론치노를 넣어주세요.

5

삶은 면과 후춧가루를 넣고 잘 섞어주세요.

6

중불로 올리고 명란젓과 면수 5큰술을 넣어 1분간 바짝 졸입니다.

Tip 스파게티면은 500원짜리 동전 크기의 양이 100g 정도입니다.

페페론치노 대신 청양고추 1개를 넣어도 좋아요.

명란젓은 익으면서 탁탁 튈 수 있으니 주의하세요.

7

접시에 담고 루콜라를 올려주세요.

돼지고기가지두부면볶음

가지는 호불호가 있는 채소이지만 이렇게 요리하면 누구나 맛있게 먹을 거예요.
가지의 물컹한 식감을 좋아하지 않아도 꼭 한번 먹어보세요. 폭신하고 달달한 식감이 정말 좋아요.
두부면과 다진 돼지고기로 단백질까지 채웠어요.

재료 다진 돼지고기 80g
가지 1/2개
양파 1/4개
쪽파 2대
올리브오일 1큰술
다진 마늘 1작은술
두반장 1큰술
간장 1/2큰술
올리고당 1/2큰술
후춧가루 조금
참기름 1작은술

1

다진 돼지고기에 후춧가루를 뿌려 밑간합니다.

2

양파는 두부면 두께와 비슷하게 채 썰어주세요.

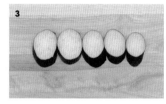

3

가지는 2cm 두께로 어슷썰기합니다.

4

팬에 올리브오일 1큰술을 두르고 다진 마늘과 양파를 볶다가 양파가 투명해지면 다진 돼지고기를 넣고 볶아주세요.

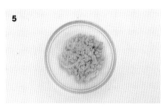

5

볶은 재료를 그릇에 잠시 덜어둡니다.

6

팬에 남은 기름으로 가지를 앞뒤로 2분간 바싹 구워주세요.

Tip 간이 부족하다 싶으면 간장을 더 넣지 말고 소금으로 맞추는 것이 좋아요.

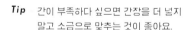

7

두부면은 봉지에 든 물을 따라서 버리고 볶은 재료와 함께 넣어요.

8

두반장, 간장, 올리고당을 넣고 센 불에 30초간 볶다가 송송 썬 쪽파를 올리고 참기름을 두릅니다.

매콤두부면말이

고소한 두부면을 고추장 양념에 볶아 김밥으로 만들어 먹으면 밥 없이도 든든하게 한 끼를 채울 수 있습니다.
매콤한 맛이 당길 때 꼭 한 번 만들어보세요. 심심하게 느껴지던 두부면의 새로운 맛을 느낄 수 있어요.

재료 알배추 3~4장
얇은 두부면 1팩
김밥김 1장
쪽파 2대
청양고추 1개
고추장 1/2큰술
간장 1큰술
생수 5큰술
올리브오일 2큰술
참기름 1작은술
올리고당 1큰술

Tip 배추가 길면 김밥김은 1.5장을 사용합니다.

알배추는 한 장씩 떼어내 끓는 물에 30초간 데친 후 찬물에 헹궈 물기를 꼭 짜냅니다.

팬에 올리브오일을 두르고 두부면과 고추장, 간장, 생수, 올리고당을 섞어 만든 양념장을 넣고 중불에 저어가며 볶아요.

양념이 졸아들어 물기가 없을 정도로 바짝 볶은 후 불을 끄고 참기름을 둘러서 섞어주세요.

쪽파는 김밥김 길이로 준비하고, 청양고추는 반으로 갈라 씨를 빼냅니다.

배추를 키친타월로 눌러서 물기를 빼주세요.

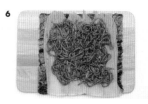

김밥김에 알배추를 길이대로 쭉 펴고 한 김 식힌 볶은 두부면을 올립니다.

쪽파와 청양고추를 올리고 단단히 말아주세요.

먹기 좋은 크기로 썰어줍니다.

대체면

애호박돼지고기간장국수

어릴 때 먹던 간장 비빔국수 맛이에요.
밀가루면 대신 칼로리가 적은 면을 사용하고 돼지고기로 단백질을 채웠어요.
애호박을 듬뿍 올려 먹으면 정말 맛있어요.

재료 애호박 1/2개
다진 돼지고기 70g
라이트 누들 1봉지
홍고추 조금
쪽파 조금
올리브오일 1큰술
간장 1큰술
알룰로스 1/2큰술
참기름 1큰술
깨 1작은술
후춧가루 조금

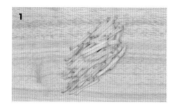

1

애호박은 0.6cm 두께로 굵직하게 채 썰어주세요.

2

다진 돼지고기는 후춧가루를 버무려서 밑간하고 10분간 재워둡니다.

3

고명으로 올릴 홍고추는 어슷썰기해서 물에 담가 씨를 빼내고, 쪽파도 송송 썰어주세요.

4

라이트 누들은 끓는 물에 30초간 데친 후 체에 받쳐 물기를 빼둡니다.

5

데친 면은 한 번 더 물기를 털어낸 후 그릇에 담고 간장, 알룰로스, 참기름을 넣어 비벼요.

6

팬에 올리브오일을 두르고 애호박과 돼지고기를 센 불에 2~3분간 볶아주세요.

Tip 면은 따뜻하게 먹기 위해 데치는 것이니 찬물로 헹구지 마세요.

7

면 위에 볶은 애호박과 돼지고기를 올리고 깨와 홍고추, 송송 썬 쪽파를 올립니다.

곤약면잡채

당면 대신 곤약면으로 잡채를 만들어보세요. 맛은 그대로 유지하면서 칼로리는 1/10로 줄어듭니다.
잡채는 만들기 어렵다는 생각에 한 번도 도전해보지 않았다면 꼭 만들어보세요.

재료 곤약면 1봉지
시금치 50g
당근 1/6개
빨강 파프리카 1/4개
달걀 1개
간장 2큰술
다진 마늘 1작은술
굴소스 1/2큰술
스테비아 1/2큰술
후춧가루 조금
참기름 조금
올리브오일 2큰술
깨 조금

1

곤약면은 충전수를 버리고 체에 받쳐 물에 여러 번 헹군 다음 물기를 빼주세요.

2

시금치는 뿌리를 잘라낸 다음 깨끗이 씻고, 당근은 0.2cm 두께로 채 썰어주세요. 빨강 파프리카는 절반을 잘라 씨를 제거하고 0.3cm 두께로 채 썰어주세요.

3

큰 볼에 물기 뺀 곤약면, 간장, 다진 마늘, 굴소스, 스테비아, 후춧가루, 올리브오일을 넣고 잘 버무려주세요.

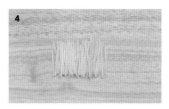

4

달걀을 풀어서 지단을 만들고 0.3cm 두께, 5cm 길이로 채 썰어주세요.

5

팬에 기름을 두르지 않고 채 썬 당근과 파프리카를 30초만 볶아 접시에 덜어둡니다.

6

중약불에 양념이 잘 스며들도록 곤약면을 2~3분간 볶아주세요.

7

볶은 당근, 파프리카, 시금치를 넣고 센불로 올려 1분만 더 볶아주세요.

8

불을 끄고 참기름을 둘러서 버무린 후 달걀지단을 올리고 깨를 뿌려주세요.

곤약면김말이

떡볶이와 함께 먹으면 너무 맛있는 김말이 튀김. 당면도 들어 있고 기름에 튀겨서 부담스러울 거예요.
칼로리 적은 곤약면과 라이스페이퍼로 만들어서 다이어트에 좋은 분식을 즐겨보세요.

재료 곤약면 1봉지
김밥김 4장
라이스페이퍼 8장
쪽파 3대
간장 1큰술
참기름 1/2큰술
후춧가루 조금
올리브오일 1큰술
스리라차 소스 조금

1

곤약면은 충전수를 버리고 체에 받쳐 흐르는 물에 여러 번 씻은 후 물기를 꼭 짜냅니다.

2

쪽파는 0.3cm 두께로 송송 썰어주세요.

3

볼에 곤약면을 담고 가위로 여러 번 자른 후 송송 썬 쪽파, 간장, 참기름, 후춧가루를 넣고 잘 섞어주세요.

4

김밥김 가운데를 잘라 직사각형으로 준비합니다.

5

김 위에 양념을 버무린 곤약면을 올리고 돌돌 말아주세요.

6

라이스페이퍼를 따뜻한 물에 담갔다 꺼내서 도마에 펼치고 곤약김말이를 올려 단단히 말아주세요.

Tip 곤약면김말이가 서로 달라붙지 않도록 간격을 띄워서 구워줍니다.

7

팬에 올리브오일을 두르고 6의 곤약면김말이를 노릇하게 구운 후 스리라차 소스를 뿌립니다.

곤약면우동

우동과 떡볶이 모양 곤약면은 물론 곤약쌀까지 나와 다이어트하기 정말 좋아요.
곤약은 칼로리가 적고 칼륨 함량이 높아 나트륨 배출에 도움됩니다.
뜨끈한 우동 한 그릇 먹고 싶은 날 만들어보세요.

재료 어묵 2장(어육 함량 100%)
곤약면(굵은 것) 1봉지
대파 1/3대
쯔유 50ml
생수 500ml
고춧가루 조금
후춧가루 조금

나무꼬치 2개

Tip 우동 육수팩을 사용하면 편리합니다.

밀가루가 적고 어육 함량이 높은 어묵을
고르세요.

쯔유의 염도는 제품마다 차이가 있으니
조절하세요.

1

어묵은 세로로 두 번 접어서 나무꼬치에
꽂아주세요.

2

곤약면은 충전수를 버리고 체에 받쳐 흐
르는 물에 헹굽니다.

3

냄비에 생수와 쯔유를 넣고 팔팔 끓으면
곤약면과 어묵꼬치를 넣고 2~3분간 끓여
주세요.

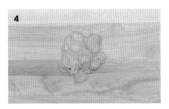

4

대파는 0.1cm 두께로 최대한 얇게 송송
썰어주세요.

5

곤약면우동을 그릇에 담고 송송 썬 대파,
고춧가루, 후춧가루를 뿌립니다.

도토리묵밥

도토리 가루 자체는 전분이지만 도토리묵은 수분이 90% 가까이 되어 칼로리가 낮으면서 포만감을 줍니다.
툭툭 썰어 간장에 찍어 먹어도 되고, 오이나 채소를 넣어 가볍게 무쳐 먹어도 맛있어요.
도토리묵밥은 더운 여름날 시원하게 먹기 좋은 메뉴예요.

재료 도토리묵 150g
시판용 냉면육수 1봉지
오이 1/3개
쌈무 3장
무순 조금
신김치(다진 것) 1큰술
참기름 1큰술
깨 1큰술

시판용 냉면육수는 먹기 전에 냉동실에 평평하게 넣어두세요.

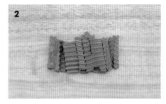

도토리묵은 1×4cm 크기의 손가락 굵기로 길게 썰어주세요.

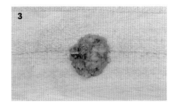

다진 김치는 국물을 꼭 짜주세요.

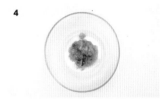

김치에 참기름을 넣고 버무려주세요.

오이는 0.3cm 두께로 어슷썰기한 다음 채 썰어주세요. 쌈무도 같은 두께로 썰어주세요.

무순은 흐르는 물에 살짝 씻어 키친타월로 물기를 뺍니다.

Tip 찬밥을 한 숟가락 말아 먹어도 맛있어요.

신김치 대신 식초 1큰술을 넣어도 됩니다.

김치가 너무 익어서 군내가 살짝 나면 올리고당 1/2큰술을 넣고 버무려주세요.

그릇에 도토리묵을 담고 채 썬 오이와 쌈무, 다진 김치를 올립니다.

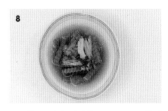

살얼음이 생긴 냉면육수를 붓고 무순과 깨를 올립니다.

오이들기름막국수

여름에는 차갑게, 겨울에는 따끈하게 만들어 후루룩 먹고 싶은 국수.
밀가루면 대신 메밀면으로 고소한 들기름 막국수를 만들어보세요.
들기름은 좋은 지방을 섭취할 수 있어요.

재료 메밀면 1인분(80~100g)
오이 1/3개
들기름 2큰술
쯔유 1큰술
간장 1/2큰술
올리고당 1/2큰술
김가루 1큰술
쪽파 2대
깨 1/2큰술

Tip 면을 삶을 때 찬물을 넣으면 끓어 넘치는
것도 방지하고 면발도 쫄깃해져요.

삶은 면을 찬물에 담그기 전에 한 가닥
먹어보세요. 차가운 물에 헹구면
탱탱해지는 것을 감안해서 충분히
삶아줍니다.

1

끓는 물에 메밀면을 넣고 서로 달라붙지
않도록 잘 저어가며 삶아주세요.

2

물이 넘치려고 할 때 찬물을 1/2컵씩 부어
가며(3회 정도) 4~5분간 익힙니다.

3

삶은 메밀면을 체에 받쳐 흐르는 차가운
물에 여러 번 헹구고 물기를 탈탈 털어주
세요.

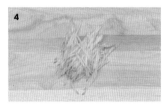

4

오이는 0.3cm 두께로 어슷썰기한 후 얇
게 채썰기합니다.

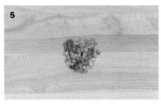

5

쪽파는 0.5cm 두께로 송송 썰어주세요.

6

깨는 절구나 그라인더로 곱게 갈아주세요.

7

그릇에 메밀면을 담고 들기름, 쯔유, 간
장, 올리고당을 넣고 비벼주세요.

8

채 썬 오이, 송송 썬 쪽파, 김가루, 깨를
올립니다.

MEMO